成功智慧200则

CHENGGONG ZHIHUI 200 ZE

高宏群 ◎ 著

郑州大学出版社
郑州

图书在版编目(CIP)数据

成功智慧 200 则/高宏群著. —郑州:郑州大学出版社,2020.8
ISBN 978-7-5645-7100-9

Ⅰ.①成… Ⅱ.①高… Ⅲ.①成功心理-通俗读物 Ⅳ.①B848.4-49

中国版本图书馆 CIP 数据核字(2020)第 122977 号

郑州大学出版社出版发行	
郑州市大学路 40 号	邮政编码:450052
出版人:孙保营	发行部电话:0371-66966070
全国新华书店经销	
郑州印之星印务有限公司印制	
开本:890 mm×1 240 mm 1/32	
印张:6.75	
字数:197 千字	
版次:2020 年 8 月第 1 版	印次:2020 年 8 月第 1 次印刷
书号:ISBN 978-7-5645-7100-9	定价:24.00 元

本书如有印装质量问题,由本社负责调换

自　序

　　成功,即获得预期的好的结果。有人把人的需要分为五个层级,即生理的需要、安全的需要、感情的需要、尊重的需要和自我实现的需要。能达到第五层的,就是人们普遍认为的成功人士。成功学家卡尔博士认为,成功意味着个人的兴隆,意味着能获得赞美,意味着自由,意味着自重。可见,从某种意义上讲,成功意味着许多美好积极的事物,不仅事业有成、功成名就、名声显赫是成功,生活幸福、身体健康、家庭美满、学习进步、品行高远、万事如意也是成功。

　　无论是工作还是生活,人们都希望与成功携手同行。郭沫若曾说:"勤奋和智慧是开启成功大门的钥匙。"马云也说过:"成功要依靠你的智慧、努力和勤奋。"丘吉尔在牛津大学举办的"成功秘诀"讲座上发表演讲说:"我的成功秘诀有三个:第一是决不放弃;第二是决不、决不放弃;第三是决不、决不、决不能放弃!"这就告诉人们,一个人取得成功的秘诀是:一要勤奋,二要有智慧。

　　《成功智慧200则》一书,就是指导人们把握"成功智慧"的金钥匙。本书讲述的每一则智慧文字虽简,却阐释了人生之路激励成功的潜能;每一则智慧篇幅虽短,却揭示了现实生活追求成功的真谛;每一则智慧道理虽浅,却指明了

当今社会享受成功的路径。一束亮光会带你进入豁然开朗的境界,一则道理会引你实现智慧人生的辉煌。真诚地希望书中的涓涓细语能为你开启成功智慧的天窗,衷心地祝愿文中的朴实话语能助你步入成功智慧的殿堂。

《成功智慧200则》的每一则开始都有几句提纲挈领的"感言",这些"感言",有的可能会成为读者朋友的成功格言,有的可能会作为人生的座右铭。每段"感言"之后均有较详细的"诠释",一方面可以帮助读者对上述"感言"进行深入地理解,另一方面也是笔者对上述"感言"的阐释和补充。

全书共设七个篇章,分别为:生活幸福篇、事业有成篇、身体健康篇、家庭美满篇、学习进步篇、品行高远篇、万事如意篇。书中的200则智慧,就人生如何看待成功、怎样奋斗成功以及怎么享受成功等问题阐述了笔者的独到见解,内容涉及成功人生中的多个细节,言简意赅,通俗易懂,富有哲理,发人深思,是读者朋友不可或缺的做人做事、修身养性之书。同时,该书对于广大读者提高思想道德素质、弘扬和谐社会的正能量,也具有一定引导作用。

该书在撰写过程中,收录了一些专家名人在博客发表的真知灼见,借鉴了互联网登载的一些深度美文,引用了一些网站上的相关文献资料,在本书付梓之际,向这些作者致以崇高的敬意和衷心的感谢!

高宏群
2020年2月20日

目 录

生活幸福篇 … 1

1. 一辈子,为了啥 … 3
2. 宁静做自我,淡定看人生 … 3
3. 养成好习惯,提升幸福感 … 4
4. 和有趣的人在一起 … 5
5. 太阳每天都是新的 … 6
6. 用最美的心情迎接每一天 … 7
7. 用淡淡的心过淡淡的日子 … 8
8. 干吗生气 … 8
9. 生活,适合自己就好 … 9
10. 想开,便是晴天 … 10
11. 苦而不言,喜而不语 … 11

12. 学会释怀	11
13. 走自己的路,让别人说去吧	12
14. 幸福,藏在糊涂里	13
15. 遇事不纠结	14
16. 人生的灯塔	15
17. 生活有裂缝,阳光才会照进来	15
18. 人间最美是原谅	16
19. 放下昨天,珍惜今天	17
20. 坦诚,是一个人的最高情商	17
21. 闲有滋味,忙有价值	18
22. 拒绝,人际交往的必修课	19
23. 日子,过的是心情	19
24. 做快乐的平凡人	20
25. 放下,便是拥有	21
26. 生活最高境界:"三七开"	22
27. 好好爱自己	23
28. 心里有花开	24
29. 幸福,其实很简单	25

30. 最简单的幸福:有家回、有人等、有饭吃	26
31. 过好自己的生活	26
32. 你真正的富有,是脸上的微笑	27
33. 看淡一切,快乐地活着	28
34. 人哪,别活得太累	29
35. 一个人最好的生活状态	29
36. 好的生活方式——极简	30
37. 宽容,是一个人最大的修养	31
38. 快乐三法:舍得、放下、忘记	32
39. 成熟的人,看谁都顺眼	33
40. 生活,就是要生动地活着	34
41. 这三种亏,不能吃	34

事业有成篇　37

42. 聪明地思考,愚笨地做事	39
43. 宽严相济的管理之道	39
44. 带着微笑去工作	41
45. 工作既是一种态度,更是一种责任	42
46. 一个人工作顺利的迹象	43

47. 一个人最大的能力,是让人对你放心	**44**
48. 没有天降的贵人,只有努力付出的自己	**44**
49. 懂人,方能用人	**45**
50. 一个人的失败,十之八九源于发怒	**46**
51. 糊涂做人,清醒做事	**47**
52. 成功时低调,逆境时微笑	**48**
53. 知人者智,知己者明	**49**
54. 身处低谷,怎么走都是向上	**50**
55. 前进需要勇气,拐弯需要智慧	**51**
56. 接受平凡,拒绝平庸	**52**
57. 一个人最好的状态	**53**
58. 专注做事,走好自己的路	**54**
59. 努力,人生最好的姿态	**55**
60. 凡事从自己身上找原因	**56**
61. 成功之人的精神深度	**57**
62. 一个人成熟的标志	**58**
63. 做人做事,良心最贵	**59**
64. 成功的要诀是看一个人有多"傻"	**59**

65. 和正能量的人在一起	60
66. 人干净,心才贵	61
67. 员工的忠诚来自哪里	62
68. 别让"等"成为遗憾	63
69. 境界无上限,道德有底线	64
70. 凡事提前几分钟	65
71. 太闲,会毁掉一个正常的人	66
72. 化解心里烦恼,得靠自己	67
73. 允许自己暂时慢下来	68
74. 工作效率飙升的"三大秘诀"	69
75. 赚钱的"四层境界"	70
76. 人生"四大目标"	71
77. 成功离不开"四种人"	72
78. 成功人士的"五大特征"	73
79. 五种人可共谋大业	74
80. 成大事者,要有"六性"	75
81. 人生需要六面镜子	76
82. 一个人靠谱的"八个细节"	77

83. 自我管理的"八个好习惯"   **78**

84. 成功人生"十商"   **79**

85. 真正干事业人的"十种精神"   **81**

身体健康篇   **83**

86. 活得轻松,老得漂亮   **85**

87. 健康无价,且行且珍惜   **86**

88. 老年人的生活方式   **86**

89. 最好的锻炼——动起来   **87**

90. 走路,你走对了吗   **88**

91. 忘记年龄,笑对人生   **89**

92. 请远离性格极端的人   **90**

93. 成年人的独处时光   **91**

94. 夕阳无限好,莫怕近黄昏   **92**

95. 不和别人比,好好活自己   **93**

96. 照顾好自己   **94**

97. 好好睡觉,是生活的良药   **95**

98. 和舒服的人在一起,就是最好的养生   **96**

99. 人生黄金期:第四个20年   **97**

100. 老来要健康,每天唱一唱	97
101. 老年人养生三结合:饮食、运动与情志	98
102. 女孩子生活中的"四个底线"	99
103. 六大长寿行为	100
104. 解热防暑需过"六关"	101
105. 女孩子出门在外必须牢记十件事	102
家庭美满篇	**105**
106. 家是温馨的港湾	107
107. 家是一块田,快乐自己种	107
108. 家庭幸福的品质	109
109. 家庭和睦,再穷都能发家	110
110. 家庭走向兴旺的三种迹象	110
111. 结婚前必到三个地方看看	111
112. 先有好丈夫,才有好妻子	112
113. 夫妻=扶起·服气·福气	113
114. 爱孩子,就要尊重孩子	114
115. 孩子玩手机上瘾怎么办	115
116. 再爱孩子,也要让他承受"四种苦"	116

117. 孩子将来不孝顺的四个信号	117
118. "色悦"父母	118
119. 包容父母	119
120. 有一种幸福叫父母在	119

学习进步篇　　　　　　　　121

121. 父母越舍得,孩子越优秀	123
122. 甬养穷人家的"富二代"	124
123. "爱孩子"和"立规矩"并不矛盾	125
124. 培养孩子主动学习的能力	126
125. 教子智慧	128
126. 家庭教育的"无为而治"	129
127. 父母是孩子的第一任老师	130
128. 让孩子养成好习惯比什么都重要	131
129. 把孩子培养成积极乐观的人	132
130. 内心强大的孩子出自正能量家庭	133
131. 家庭教育最重要的是立人	134
132. 父母的眼界,决定孩子的边界	135
133. 学生学习的航标灯——学习目标	136

134. 让孩子吃三种"苦"	137
135. "学霸"的学习管理策略	138
136. 学习做人是一辈子的事	139
137. 父母教育孩子最重要的"三件事"	140
138. 这三种孩子,长大后最没出息	141
139. 一天中学习的"四个黄金时段"	142
140. 学习习惯养成的"六个步骤"	143
141. "逼"孩子养成十个好习惯	143
142. 唯有书香最醉人	145
143. 高贵女人必须"学会……"	146
144. 最好的家庭教育:放点糖,加点盐,补点钙	147

品行高远篇

	149
145. 做人当低调	151
146. 人品正,众人敬	152
147. 时间,会留下最真的人	152
148. 人有德,必有福	153
149. 做一个内心有光的人	153
150. 让人舒服	154

151. 做人,请不要炫耀　　　　　　　　　155

152. 做人的心量　　　　　　　　　　　156

153. 厚道之人,必有厚福　　　　　　　157

154. 男人心宽路自通,女人心善貌自美　157

155. 吃亏,是一种做人的高度　　　　　158

156. 做人,一定要大气　　　　　　　　159

157. 情义养人气　　　　　　　　　　　160

158. 越是理性的女人,活得越高级　　　161

159. 渡人,渡心,渡己　　　　　　　　　161

160. 做人,要懂得取舍　　　　　　　　162

161. 做一个有趣的人　　　　　　　　　163

162. 做心态阳光之人　　　　　　　　　164

163. 做人,不要去怪任何人　　　　　　165

164. 学会战胜自己　　　　　　　　　　165

165. 做人"三知"　　　　　　　　　　　166

166. 人生有"三好"　　　　　　　　　　167

167. 做人"三不问"　　　　　　　　　　167

168. 境界高的人有八大贵相　　　　　　168

169. 眼宽能容事，心宽能容人　　　　　　169

170. 凡事让一让　　　　　　　　　　　170

万事如意篇　　　　　　　　　　　171

171. 遇事别样处理　　　　　　　　　　173

172. 一生最后悔什么　　　　　　　　　173

173. 静下来的力量　　　　　　　　　　175

174. 学会换位思考，是人际交往的法宝　175

175. 成长，是把哭声调成静音的过程　　176

176. 明知不问也是一种修养　　　　　　177

177. 人生之尺　　　　　　　　　　　　178

178. 请口下留情　　　　　　　　　　　179

179. 让步，是涵养，也是善良　　　　　180

180. 只有放下，才能重新开始　　　　　180

181. 人生最值得珍惜的东西　　　　　　181

182. 人性大恶就是不懂"感恩"　　　　182

183. 让人三分不吃亏　　　　　　　　　183

184. 生气，最能见人品　　　　　　　　183

185. 说话的音量，暴露了一个人的修养　184

186. 没有真心,谈何珍惜	185
187. 要学会放过自己	186
188. 既然"豆腐心",何必"刀子嘴"	187
189. 容言,容事,容人	188
190. 练出弹性	189
191. 在心里种花	189
192. 待人处世"三有"	190
193. 生气不如争气	191
194. 心灵的品级	192
195. 成熟的人生,需要读懂三个"不"	193
196. 人与人交往"三要"	194
197. 人生赢在和气,败在脾气,成在大气	195
198. 聪明人,五不说	196
199. 人的好运气是自己给的	197
200. 九件小事,让人受益一生	198

 生活幸福篇

1. 一辈子,为了啥

人这一辈子,要简单一点,别想得太多;知足一点,别累得太多;幸福一点,别求得太多。

[诠释]

一辈子,为了啥?有人说,是为了钱。累死累活,就想多赚点;口挪肚攒,就想多存俩。最后落下个病身子,金山银山也买不到好身体。有人说,是为了名。虽说好车好房被羡慕,有权有势被仰慕,名利双收被瞩目,但其中的辛苦劳碌,只有自己最清楚。有道是:身在高处不胜寒,活得平凡最心安。有人说,是为了情。爱情虽美,也有心变;友情虽好,也有心寒;亲情虽暖,也有心远。

钱是什么?生不带来,死不带去,够花够用就行。名是什么?雁过留影,风过留声,清清白白就行。情是什么?拥有时在意,失去时随意,尽心尽力就行。

所以,一辈子要简单一点,别想得太多;知足一点,别累得太多;幸福一点,别求得太多。想开点,看淡点,常开心,别忧虑。既然人一辈子怎么都要活,那就开开心心、轻轻松松地活。

2. 宁静做自我,淡定看人生

宁静做自我,淡定看人生。风雨人生路,逍遥任我行。

[诠释]

生活,不可能只有快乐和欢笑,它就像一个五味瓶,有酸、有甜、有苦、有辣、有咸,但只要你用心去品味,就会感悟到无论哪种滋味,都是一首回味无穷、意境幽远的诗。正因为有了酸甜苦辣咸,人生才

丰富多彩,才显得更有意义。就看我们用怎样的心态去品味了,有道是:嬉笑怒骂皆文章,酸甜苦辣铸人生。

人生充满变数,自我非凡的定力往往影响着我们人生的走向。所谓定力,既是消除烦恼妄想的禅定之力,更是处变不惊和把握自我的意志力。心静了,生活自然也就安稳了,人生自然也就安定了。反之,心乱了,就容易被情绪所控制,稍不注意就可能误入歧途,贻误终身。因此,与其郁郁寡欢埋怨命运,不如清清静静修身养性。淡定看人生,宁静做自我。

行走在斗转星移的人生旅途上,难免会遇到磕磕绊绊、争争吵吵。遇到了,要学会变通,切勿意气用事。忍一时风平浪静,退一步海阔天空。想开了,微笑面对;看透了,学会放下。这样才能在风雨人生路上,逍遥任我行。

3. 养成好习惯,提升幸福感

> 坚持运动,吃好早餐。事分轻重,凡事提前。学会拒绝,财富积攒。换位思考,耐心听言。控制情绪,远离抱怨。

[诠释]

①坚持运动。生命在于运动,要养成坚持运动的好习惯。或去健身房健身,或在小区里跑步,或在房间里跳操……上下班骑车或步行也是不错的运动方式。

②吃好早餐。清晨,我们精力最充沛之时,吃一顿保质保量的早餐,给自己的身体补充能量。为迎接崭新的一天做好充分准备。

③事分轻重。每天开始工作前,先要静下心来捋一捋思路,将要做的事情分个轻重缓急,先做紧急的、重要的,再做不急的、次要的,当日事当日毕。这样既能保证工作效率,又能合理利用时间。

④凡事提前。做任何事,都要给自己留点余地。凡事提前几分钟,在遇到突发情况时有足够的时间去处理,不会让自己处在一种非常急迫的状态。提前几分钟起床,提前几分钟出门……你会发现,一

整天都会从容不迫。

⑤学会拒绝。适时学会拒绝,不要让被帮助的人对你产生依赖感。

⑥财富积攒。理财是一生中必学的功课,学会理财才能积攒财富。不求大富大贵,但求遇急不迫。

⑦换位思考。凡事设身处地地多从对方的角度来看待问题、思考问题,你会发现这种换位思考的处世方式在处理复杂事件和复杂关系时非常实用。

⑧耐心听言。耐心听别人讲话,是对对方的一种尊重,是待人接物最基本的礼貌。耐心听别人讲话,也是获得知识和提高修养的重要途径。

⑨控制情绪。每个人都有情绪不好的时候,被坏情绪控制、受坏情绪摆布的人,往往是生活的弱者;而那些懂得时时刻刻克制自己、严于律己的人,终将成为生活的强者。

⑩远离抱怨。遇到问题,不要急着抱怨。抱怨换不来理解,只会伤害感情。多从自身找原因,问问自己还有什么做得不够的,有则改之,无则加勉。

4. 和有趣的人在一起

与有趣的人相处,你才会做有趣的事,才能变成有趣的人。和有趣的人在一起,你的生活将充满欢乐。

[诠释]

有趣的人,是生活中的"开心果",是人群中的"快乐源"。与有趣的人相处,你会觉得整个世界也开始变得有趣。

有趣的人,是幽默的人,是真诚的人,是懂你的人。有趣的人,能开阔你的眼界,能刷新你的感受,会让你更加热爱生活,会让你更加幸福美满。因此,要多与有趣的人相处,多做有趣的事。

我们不仅要和有趣的人在一起,更重要的是自己要变成一个有

趣的人。做个有趣的人,日子才越过越有味,我们才越活越有趣。做个有趣的人,要对生活热爱且投入,要有鉴赏和审美能力,要把普通生活过得精致,要有生活爱好,要有点幽默感。

5. 太阳每天都是新的

> 每一天都是全新的一天,都有全新的内容。给生活一个微笑,给自己一个笑容,带上阳光,走在新一天的路上。

[诠释]

迎着熹微的晨光,伴着鸟儿清脆的鸣唱,嗅着花儿扑鼻的芳香,新的一天开始了。无论你在哪里,无论天气阴晴,记得带上你自己的阳光——微笑。

每一天都是全新的一天,都有全新的内容。不要沉湎于往日的苦难,也不要满足于昔日的成绩。放下过往的一切,全身心地投入新的生活,去学习新的知识,去结识新的朋友,去开拓新的工作,去吟诵新的诗篇,去聆听新的乐章,去发现新的光彩。

生命本身是纯粹而干净的,在每一个人的人生旅途中,都不可避免会遇到困难和挫折。即便处在逆境中,依然可以活得自在而不乏味,依然可以活得睿智而不碌碌。最重要的是,心底依然温暖,胸中依然有爱。爱世界的一点一滴,爱生命的每时每刻。

新的一天,阳光、雨水、空气和心情,都是新的。在新的时光里,过着温暖的老日子。给生活一点甜蜜,给自己一个微笑,带上阳光,走在新一天的路上。

6. 用最美的心情迎接每一天

> 人要有一个好的心态，才能活得轻松自在。让我们用最美的心情，迎接每一天，拥抱每一天，过好每一天。

[诠释]

清晨，睁开眼睛，我们要记着对自己说："今天，是最好的一天！"不管昨天发生了什么，都已成为过去，无法改变。要轻轻告诉自己："不要让昨天的烦恼影响到今天的好心情，一切从现在开始吧，用最美的心情迎接新的一天。"

不管我们的学习与工作有多忙，压力有多大，都不要抱怨。切忌带着怨气，去开始新一天的工作和生活，这样的心情会影响新一天的工作。当我们一步步完成了自己的工作，一层层排解了生活的压力，就会成就感满满，就会觉得当初看起来是那么烦心劳神、殚心竭虑的事，竟在不知不觉中变得如此轻松简单。

记住！不要总拿别人的标准，来衡量自己。遇到别人不公正的评论，只要不伤及你个人的尊严，那就让他说去吧！人生百态，各具千秋，如同蹩脚的喜剧，什么角色都缺少不了，应持平常心。别人说得对，你坦然接受；说得不对，你就当他是背台词，听而不闻，不要放在心上。世上总有无聊的人，你又何必与之计较。最重要的一点就是要抽时间做自己喜欢的事儿，比如：唱歌跳舞，弹琴画画……

人要有一个好的心态，才能活得轻松自在。愁，也是一天，笑，也是一天，让我们用最美的心情迎接每一天吧。守一颗淡泊之心，拥一份淡然之美。

7. 用淡淡的心过淡淡的日子

一个人,要追求淡定的人生。在淡淡的岁月,怀淡淡的心情,让淡淡的日子,就这么淡淡地过。

[诠释]

一直认为,最长久的幸福,来自平淡的日子,来自宁静的心境,来自平凡日子里点点滴滴的感悟。只因繁华落尽终是平淡,生活的美,不在于绚丽,而在于平和;爱情的美,不在于轰轰烈烈,而在于平凡的相守与温暖的陪伴。

人的一生,用淡淡的心过淡淡的日子。

我喜欢雨后淡淡的空气,淡淡的草绿,淡淡的花香,淡淡的云,淡淡的月,淡淡的风景……一切淡淡的美,干净,纯洁!

我更喜欢淡淡的友谊,淡淡的微笑,淡淡的忧伤,淡淡的思念,淡淡的回忆……这一切看似淡淡的,实则浓郁长久,让人难以忘怀。

我追求淡定的人生,我喜欢淡淡的感悟,我期冀淡淡的相守,我恪守淡淡的本色,我执着淡淡的真实!

淡淡的岁月,淡淡的心情,淡淡的日子就这么淡淡地过,很美!

8. 干吗生气

生气,只会让自己伤心,错上加错;只会让自己烦心,百害无益。别找气生,别再生气,快快乐乐生活,才最对得起自己。

[诠释]

生气,是为别人的错误买单。生气,是一种负面情绪,影响心情,让自己内心阴郁。

生气,只会让自己伤心,错上加错;生气,只会让自己烦心,百害

无益。与在乎你的人生气,他会心神不宁、担心不已;与不在乎你的人生气,他会看你热闹、看你笑话。你因气而食不下咽、辗转难眠,在乎你的人依旧在乎你,不在乎你的人依旧视你为无物。想一想,何必生气,让在乎你的人难受,让不在乎你的人得意。

身体是自己的,心情是自己的,何必和自己过不去。气大容易伤身,气来容易伤心,最后折磨的还是自己。别找气生,别再生气,快快乐乐生活,才最对得起自己。

修一颗静心,才能冷眼旁观看待问题;敛一些脾气,才能从容不迫和人往来。

9. 生活,适合自己就好

> 生活,是过给自己的。只有适合自己的,才是最好的。

[诠释]

生活不是打擂台,没必要决一胜负。生活是过给自己的,不要攀比,不要羡慕。眼睛不要总盯着别人的风景,从而忽略了自己的美好生活。

生活中从来没有"完美",只有适合自己的,才是最好的。有钱,把日子过好;没钱,把心情过好。

生活,犹如万千口味,酸甜苦辣,自己的口味自己清楚,口感适合自己就好。

生活,犹如季节交替,春夏秋冬,自己的感受自己知道,气候适合自己就好。

生活,犹如品茗饮茶,冷暖自知,浓淡自调。冷也好,热也罢;浓也好,淡也罢。每个人所品出的香醇都皆然不同。

人这一辈子,贵在知足。生活,不求完美,只要适合自己就好。不攀不比,好好做自己;不争不怒,好好活一生。

10. 想开,便是晴天

> 心善人则美,心宽路则宽。把事看淡,把心放宽。风雨人生,想开,便是晴天。

[诠释]

前行的路上,总有几块石头绊住抬步的脚,总有一段路崎岖难行;生活的上空,总有几朵云遮住阳光的明媚,总有阴晴雨雪难以预料。生活就是这样,千变万化,难以预测。风雨人生路,既没有永远的晴天,也不可能永远是阴天。

世上最难走的路是心路,最难跨的坎是心坎。想开了,看淡了,放下了,心也就舒坦了。想开,便是晴天。

很多时候,我们想不通,看不透,就是自己的心钻进了死胡同,怎么走都走不出来。既然往前走是深渊,往后退是悬崖,何不拐个弯试试。生命来来往往,没有来日方长。不要绝望,要充满希望,即使现在处于困境,在不远的将来,就会柳暗花明。记住:人世间的每把锁都有开它的钥匙,要相信守得云开见月明。不乱于心,不困于情,不畏将来,不念过往。放下随风而逝的曾经,珍惜朴实真切的现在。

林语堂曾说:生活所需的一切不贵豪华,贵简洁;不贵富丽,贵高雅;不贵昂贵,贵合适。生活,简简单单就好,适合自己的就是最好的。

心善人则美,心宽路则宽。心存善念,坦然安详,有欲却不执着于欲,有求而不拘泥于求。三千繁华,看淡世事,放宽心胸。风雨人生——想开,便是晴天。

11. 苦而不言,喜而不语

> 做人的最高境界:苦而不言,喜而不语。苦而不言,是坚韧;喜而不语,是低调。

[诠释]

有惊喜,不洋洋得意;有痛苦,不叫苦连天。不卑不亢、内心强大的人,面对悲伤也好,快乐也好,都能保持镇定自若、泰然处之。

苦而不言,是坚韧。人生绝非事事如意,起起落落才是真实的人生。当你处于人生的低谷,泪水改变不了困境。你要坚强,要擦干泪水,继续前行。时刻铭记:人生最宝贵的财富是苦难。

喜而不语,是低调。睿智的人都懂得低调做人。不炫耀,不张狂,不自傲,低调收敛、韬光养晦,是一种智慧。

俗语说:花宜半开,酒宜微醉。不言不语,是让自己用安静的心看世界,是让自己用拼搏的心做事情,能做到"苦而不言,喜而不语"的人,都是那些将人生推向至高境界的智者。

12. 学会释怀

> 对过去的事,不再留恋;对离开的人,不再纠缠。对做不到的,不再自责;对得不到的,不再怀念。

[诠释]

何谓释怀? 释怀是对过去的事,不再留恋;对离开的人,不再纠缠。对做不到的,不再自责;对得不到的,不再怀念。释怀,就是对自己负责,对他人尊重。

释怀,等于重来,与不好的告别,将美好的等待;释怀,等于宽容,原谅他人的错误,包容别人的过失;释怀,等于轻松,不胡思乱想,不

耿耿于怀。释怀,是一种选择,选择快乐和幸福;释怀,是一种忘记,忘记烦恼和忧伤;释怀,是一种勇气,告别过去和往事。不再纠缠,不再抱怨,努力地过好人生的每一天。

人生三千事,事事扰人心。只有释怀,才能看淡;只有看淡,才能看开;只有看开,才能知足;只有知足,才能幸福。当你学会了释怀,也就减少了不满;当你做到了释怀,也就没有了抱怨。学会释怀吧,和往事说一声再见;学会释怀吧,对旧人送一句祝福。学会释怀吧,因一切都是最好的安排。

学会释怀,回归一颗安静的心,做一个简单的人。

13. 走自己的路,让别人说去吧

走自己的路,看自己的景,过好自己的生活,干好自己的工作,别人爱说什么,就让他说去吧。

[诠释]

人生总有蜚短流长,你做得再好,也有人诋毁。生活总是喜忧参半,你做人低调,也有人诽谤。流言蜚语别在意,指点议论不入心。理会太多累着自己,在意太多伤着自己。与其耿耿于怀,争辩不停,不如一笑置之,学会释怀。

懂你的人,无须解释;不懂你的人,不必解释。不看别人的脸色,不听他人的闲言。走自己的路,看自己的景,过好自己的生活,干好自己的工作,别人爱说什么,就让他说去吧。

14. 幸福,藏在糊涂里

人生两件事:忙着,清醒做事;闲着,糊涂做人。活得清醒的人,容易烦恼;活得糊涂的人,容易幸福。

[诠释]

人生两件事:忙着,清醒做事;闲着,糊涂做人。活得清醒的人,容易烦恼;活得糊涂的人,容易幸福。清醒的人看得太真切,太较真,便烦恼多多;而糊涂的人,计较得少,却觅得人生的大滋味。太清醒的人注定活得辛苦,总有看不惯的,总有放不下的,出力不讨好。有时候,与其清醒,不如糊涂。

木心说:"好人的世界,总有一种糊涂。"郑板桥说:"难得糊涂,吃亏是福。"白岩松说:"人生的两个基本点是糊涂点、潇洒点。"很多事,不知道比知道好,不灵通比灵通好,不精明比精明好。这就是人们常说的"难得糊涂"。难得糊涂,是把身外之物看得淡一点。糊涂不是傻气,也不是愚昧,而是一种气度,一种修养,更是一种境界。老子发现了糊涂,取名无为;孔子发现了糊涂,取名中庸;庄子发现了糊涂,取名逍遥;墨子发现了糊涂,取名非攻。

对朋友糊涂一点,才能赢得友情;对他人糊涂一点,才能赢得信任;对爱人糊涂一点,才能赢得幸福。钱财利益上糊涂一点,不伤和气;人情算计上糊涂一点,无愧良心;争名夺利中糊涂一点,不费脑筋;流言蜚语里糊涂一点,不累耳根。

15. 遇事不纠结

面对未知,耽于纠结,只会一事无成。人生路上,不纠结过去,不将就未来,轻装上阵,幸福前行。

[诠释]

在做抉择时,每个人都会犯难,会犹豫。选自己最想要的,往往受限于现实;若退而求其次,往往又心有不甘。于是乎,怎么选,都觉得选错了。历练的人生使我们清楚地认识到,世上本没有绝对正确的抉择。执着虽是一种美德,但过于纠结、强求,就会让自己陷入难以抉择的死胡同。

真正有魄力的人,很少纠结。遇到困难不可怕,可怕的是:将时间浪费在纠结和懊恼上,白白错过了解决问题的时机。历练的人生使我们清楚地认识到,越是艰难,越考验个人的应变能力。只有不回避问题,及时处理,才能把危机变转机。遇事不纠结,你才不会为其所累。

每个人的生活,都是由各种未知的变数组成的。每当我们纠结时,其实是在逃避现实,是在回避压力。历练的人生使我们清楚地认识到,生活是自己的,别人只能给出建议,却无法替你做出决定。你越害怕面对,就越会被各种难题所绊倒。最好的解决办法,就是立即行动,用你强大的执行力和行动力去击败一个又一个的难题。

面对未知,耽于纠结,只会一事无成;敢于面对,才能变得更加强大。有困扰,尽自己最大的耐心和坚持去解决。好的人生,从来就没有标准答案,没有正确选项,唯有笃定坚持。愿你我都能在人生这条路上,不纠结过去,不将就未来,轻装上阵,幸福前行。

16. 人生的灯塔

一个充满希望的人,不管身处何种境遇,都会找到一条通往成功的光明之路,而指引他们的恰恰是希望的灯塔。

[诠释]

人生之路,总是向前延伸的。途中难免遇见各种各样的景,或明亮,或暗淡,也难免会遇到这样那样的迷惑,让人看不清,摸不透。人生之路充满着未知和迷茫。在我们行进途中,需要一盏明灯,为我们照亮,为我们指引,使我们不至于迷失方向。

人生的目标——就是灯塔,就是明灯。

心中若有盏明灯,心灵就充满希望,生活就充满意义;心中若失去这盏明灯,生活就失去希望,恐惧和空虚将占据我们的心灵。

我们每个人都是这茫茫人海中的一叶孤舟,若没有一个正确的人生方向做指引,没有一个积极向上的世界观、人生观和价值观做指导,我们只能在这茫茫人海里随意飘荡、随波逐流……

其实,一个充满希望的人,不管身处何种境遇,都会找到一条通往成功的光明之路,而指引他的恰恰是希望的灯塔。

17. 生活有裂缝,阳光才会照进来

磨难不过是生活裂开的一个口子,透过这一裂缝,我们才能更好地呼吸,温暖的阳光才能照进来。

[诠释]

我们都渴望一帆风顺的生活,可人这一生,正如辛弃疾所感慨的:"叹人生,不如意事,十常八九。"

面对生活的裂缝,聪明豁达的人会处之泰然,他们会通过这条裂

缝给生活平添别样的芬芳;自怨自艾的人会难过悲伤,他们会涂抹这条裂缝以至于难以自拔深陷其中。悲伤难过怨天尤人是一天,开心快乐舒舒服服也是一天。既然有些事已很难改变,为何不让自己放松一点呢?

有人说,生活就像一道多解的数学题,你的态度就是解开数学题的思路方法;生活就像一把神奇的密码锁,你的态度就是打开密码锁的万能钥匙。

朋友,如果生活让你措手不及,请不要惊慌,认真面对这条裂缝。正因为有了这条裂缝,我们才会更珍惜阳光。

18. 人间最美是原谅

原谅是一种风度,是一种修养;原谅亦是一种溶剂,是一种相互理解的润滑油。当你懂得了原谅,你就会发现,你的人生已上升到一个新的境界。

[诠释]

漫漫人生路,谁都难免会遇到烦心之事,碰到愚昧之人。对别人的误解和挑衅,不妨选择原谅,试试置之一笑,给时间一个印证的机会。

人和人之间因学识、见识、修养不同,对事物的看法自然就不同,处理的方法也就不同。难免会出现摩擦与矛盾,这时我们选择原谅他人,需要自我牺牲的精神,更需要宽广开阔的胸怀。

原谅是一种风度,也是一种情怀。原谅像一把伞,让雨季中的你走得更潇洒;原谅更像一把梯,让纷乱中的你走得更洒脱。

原谅是一种修养,也是一种美德,不仅为对方开启了一扇阳光盈暖的门,也为自己开了一扇风和日丽的门。

原谅,是一种尊重,也是一种理解,不是无奈的容忍,也不是无休的忍耐,用懂得和理解作为双桨可以将原谅的小船划向彼岸。懂得和理解,是一种将心比心的感受,是一种换位思考的获得。

不懂原谅的你,会活得痛苦不堪,会在"水深火热"的生活中郁郁不乐。当你懂得了原谅,你就会发现,你的人生已上升到一个新的境界。

19. 放下昨天,珍惜今天

> 只有放下昨天,珍惜今天,才能笑迎明天。

[诠释]

生命里,不管有多少遗憾,幸也好,不幸也好,都成过去,全是曾经。放下,就会轻松。人生中,不管有多少辉煌,多少失败,不一定皆尽善尽美。努力了,就应无怨无悔。

人生如梦不是梦,因为太真实;生活如水不是水,因为有苦涩。在生命中,许多事情在于自己,很多感受在于个人,心大路则宽,心小事则难。做人需要上心,做事需要埋头,心胸需要拓宽,心态需要放平。

珍惜身边的幸福,欣赏自己的拥有。背不动的就放下,伤不起的就看淡,想不通的就丢开。从容达观一些,轻松自在一些,豁达随意一些。凡事当有度,做人应知足。

其实,生命不过三天:昨天、今天、明天。只有放下昨天,珍惜今天,才能笑迎明天。

20. 坦诚,是一个人的最高情商

> 对自己坦诚,是一种能力;对他人坦诚,是一种修养。坦诚待人,真诚做事,是人际交往的第一原则。

[诠释]

坦诚,是人际交往的第一原则,是建立良好人际关系的前提。以

诚相待,你才会获得别人的理解与尊重。

坦诚,是一种态度。坦诚需要一个人直面自己的缺点与不足,去正视自己的不完美。愿意将自己的缺点暴露在他人面前,更需要一种魄力。对自己坦诚,是一种能力;对他人坦诚,是一种修养。

坦诚,是一种智慧。坦诚是最明智的策略。与人交往,无须太多弯弯绕,坦诚有着化繁为简的力量,能直击核心,快速获得他人的信任,这才是交往的最大智慧。

坦诚,是一张名片。坦诚待人,真诚做事,你就会拥有和谐的人际关系,你就会在大千世界里开心畅行。

21. 闲有滋味,忙有价值

> 你给生活意境,生活才能给你风景。一个人过好自己的生活:闲,要有滋味;忙,要有价值。

[诠释]

人生,不过是一段又一段的旅程,有喜有悲才是人生,有苦有甜才是生活。我们最重要的不是计较"真与伪""得与失""名与利""贵与贱""富与贫",而是如何快乐生活,如何诗意生活。

你给生活意境,生活才能给你风景。心简单,世界就简单;心自由,生活就自由。一个人的"才、情、趣"正如一朵花的"色、香、味",缺一不可。

好的生活,就是简单、安静、从容、平和、自在、安宁的生活,就是随心、随性、随缘的生活,就是平淡、自由、快乐的生活。一个人过好自己的生活:闲,要有滋味;忙,要有价值。

22. 拒绝，人际交往的必修课

不懂得拒绝，大多都是愚蠢的善良。学会拒绝，既是对自己内心的尊重，也不会让对方在被拒绝之后受到伤害。

[诠释]

三毛说过："不要害怕拒绝别人，如果自己的理由出于正当。因为当一个人开口提出要求的时候，他的心里根本预备好了两种答案，所以给他任何一个其中的答案，都是意料中的。"

很多时候我们害怕拒绝别人，在我们的传统文化中，保全他人的"面子"是非常重要的，因此觉得拒绝别人是一种伤害。其实不然，真诚地拒绝自己做不到的，而不是吊着别人胃口，这正是最大的善良。要记住，不懂得拒绝的人，大多是"好面子""好心肠"的善良人；而懂得拒绝的人，大多是"冷静""睿智"的聪明人。因为有修养的拒绝，既是对自己也是对他人的尊重。

拒绝，没你想象中的那么难，不要怕得罪人，也不要怕伤害人。帮得上，就答应；帮不上，就拒绝。简单与明了在人际交往中是最恰当的。

学会拒绝，一种真诚的拒绝，并不会让你内心感到妥协的不愉快，也不会让对方在被拒绝之后受到伤害。

23. 日子，过的是心情

日子，过的是心情。心情好万事皆好。控制好自己的心情，你就会拥有多姿多彩的一生。

[诠释]

快乐，并不是你拥有多少，而是你放下多少；幸福，并不是你得到

多少,而是你释怀多少。淡看花开花谢,笑看云卷云舒,只有心情愉悦的人,才能欣赏到人生的美景。

生活,本就是柴米油盐的交响曲,所以别纠结;感情,本就是聚散离合的悲喜剧,所以别太执着。缘聚缘散,顺其自然,懂得知足,学会放下。不因未来而迷茫,不因过去而彷徨,相信你的人生定是另一番景象。

人这一辈子,在跌跌撞撞中成长,在忙忙碌碌中收获。是生活,就难免有起伏;是感情,就难免有波折。没有谁的一生,走得顺顺当当;没有谁的感情,处得和和美美。日子,过的是心情。心情好万事皆好,心情糟一切皆糟。控制好自己的心情,经营好自己的感情,你就会拥有多姿多彩的一生。

好心情,好心态,才有好人生。人活着,每个人都在追求快乐,然而,好心情是要靠自己创造的,也是需要自己品味和感悟的。人生在世,天天能有好心情相伴,才是最大的幸福。

24. 做快乐的平凡人

> 我们要在平凡中寻找快乐,在平凡中追求安然,在平凡中达到满足,努力做一个快乐的平凡人。

[诠释]

平凡是一个中性词。有的人心有凌云志却难以实现,注定一生平凡。有的人在生活的颠簸起伏中常感身心疲惫,只愿岁月宁静,平凡度日。前者是对平凡生活的无可奈何,后者是对平凡生活的热切向往。

很多人都曾有过非凡的梦想,有过干出一番事业的信心和勇气,结果却往往不尽如人意。多数人都是从普通人中走来,最终又回到普通人中去,活成了平凡的模样。其实,平凡也没什么不好,我们只要乐观地面对平凡,在平凡的世界里学会默默坚强,在平凡的生活中学会发现美好,就是生活的强者,就是最伟大的胜利。

有人说:人这一生终究要和自己的平凡和解,如果不能正确面对自己的平凡,那么只能变成一个痛苦的平凡人。成功的人生就是认识到生命的平凡,却依然热爱着生命。平凡的生活也可以风生水起,也可以有滋有味,也可以时刻享受着真实的幸福。

我们要在平凡中寻找快乐,在平凡中追求安然,在平凡中达到满足,积极努力地做一个快乐的平凡人。

25. 放下,便是拥有

放下,不是放弃;放下,便是拥有。只有拿得起,放得下,看得开,才能读懂人生的真谛。

[诠释]

一个人累与不累,取决于自己的心态。告别烦恼,把无谓的痛苦扔掉,快乐才有地方起舞。努力改变自己的心态,调节自己的心情,学会在平静中接受现实,学会坦然面对厄运,学会积极看待人生,学会凡事都往好处想。放下过去,我们才能过得更幸福。

花开一季,春华秋实,或热烈,或寂静;人活一世,事业家庭,或精彩,或平淡。人生最重要的,不是得不到的和已失去的,而是珍惜所拥有的一切,微笑着珍惜当下的时光。

放下,不是放弃;放下,便是拥有。放下的是心中的执念,看淡得失,才能品尝幸福。人生中有许多的无能为力,要学会适应这个多变的世界,只有拿得起,放得下,看得开,才能读懂人生的真谛。

我们既要珍惜缘分,更要看淡得失。看淡得失,从容入世,简单最美,纯粹最真。心变得简单了,世界也就简单了。

26. 生活最高境界:"三七开"

人生三分选择,七分放下;处世三分糊涂,七分清醒;成败三分做事,七分做人;生活三分得意,七分失意。

[诠释]

人生三分选择,七分放下。人生在世,不过是:拿得起,放得下。很多人往往只做到了"拿得起",却忽视了更重要的"放得下"。人生路上不可避免要有所选择,有所放下。当你为了做出选择而必须放弃一些东西时,请记住,好好享受自己选择的,迅速忘掉自己舍弃的。因选择后的纠结没有任何作用,学会选择,懂得放下,才能拥有海阔天空的人生境界。

处世三分糊涂,七分清醒。清醒做事,糊涂做人,是立身处世的法宝。很多事,不知道比知道好,不灵通比灵通好,不精明比精明好,这就是人们常说的"难得糊涂"。很多时候,糊涂不是傻气,也不是愚昧,而是一种气度,一种修养,更是一种人生的境界。和家人糊涂,家庭和睦;和朋友糊涂,友情稳固;和同事糊涂,工作顺手。做人做事,不斤斤计较,不患得患失,这是一种胸怀。一个人不张扬,不高人一等,平易近人,反而更易得到众人的尊敬。

成败三分做事,七分做人。一个人,即使贫穷,也不能丢掉为人的尊严;即使富裕,也不能失去做人的良心。心理学家丹尼尔曾说过:"你让人舒服的程度,决定着你能抵达的高度。"不管何年何月,朴拙,才能赢得尊重;不管何时何地,真诚,才能打动人心。

生活三分得意,七分失意。人生本就是一道未解的选择题,有得意,有失意,从不圆满,也不全是遗憾。有苦,自我释放;有乐,欣然品尝。人生的路,悲喜都要走,不骄不躁,不气不馁,只有经历了,才是完整的人生。不强求完美,做真实自我,让人性回归到本真的状态;不苛求自己,不委屈自己,努力不懈地追求自己的理想,快乐就在身边。如此,足矣。

27. 好好爱自己

再难过,也别委屈自己;再忙碌,也别丢弃健康;再遗憾,也要珍惜当下。

[诠释]

生活不易,与其取悦别人,不如快乐自己。一生无法重来,请好好爱自己。

再难过,也别委屈自己。倘若你不想伤别人的心,那请你不要先伤自己的心;倘若你想得到别人的爱,那请你先学会爱自己。在这个世上,没有不受委屈的工作,没有不费口舌的社交,没有不会受伤的感情。记住:委屈总会熬过去,失落总会挺过去。有时,与其卑微留恋,不如洒脱放手,把日子活出自在;与其讨好他人,不如取悦自己,把生活过出诗意。生活很苦,或许你加几勺糖就能变得很甜,人生之路要记得好好爱自己。

再忙碌,也别丢弃健康。人这一辈子,最重要的是什么?有人说是财富,有人说是名利,有人说是感情。这些确实重要,但若没了健康,这一切都如"镜中花,水中月"。人活一辈子,未必要大富大贵,好好吃饭,好好睡觉,身心康泰,便已足够。工作再忙,也别忘了出去走走,强身健体;应酬再多,也别忘了柴米油盐,一蔬一饭;加班再累,也别忘了劳逸结合,调节情绪。保持健康的身体,不仅仅需要良好的生活习惯,也要拥有豁达的人生态度。

再遗憾,也要珍惜当下。泰戈尔曾说:"如果你因为错过太阳而流泪,那么你也将错过群星。"生活难免起起落落,岁月总有暑往寒来,无论得到还是失去,请看开、看淡,别让今天的遗憾在明天重演。这世上,没有放不下的人与事,只有回不去的当初;没有抛不开的爱与恨,只有走不出的自己。生活本就五味俱全,当你尝到了苦与辣,请依然要珍惜当下,把日子过得热气腾腾。

要记得,当你对自己足够好时,才能和这世间的美好不期而遇,

才值得爱与被爱。要相信,当你开始爱自己时,这世界便会开始爱你。

28. 心里有花开

> 心里有花开,人生春常在。每天都给自己一个希望,不为昨天而叹息,不为明天而烦恼,只为今天而努力。

[诠释]

　　如花人生,一路芬芳。若将人生视为花,眼前处处好风景;若将人生视为茶,心里时时都清净。家庭不在贫富,贵在和睦温馨;生活不在显达,贵在健康快乐;朋友不在多寡,贵在相知相伴;亲人不在远近,贵在常来常往。心里有阴雨,生活来烦忧;心里有花开,人生春常在。要拥有一颗安闲自在的心,一切随缘,顺其自然,不怨怒,不躁进,不过度,不强求,不悲观,不刻板,不慌乱,不忘形,不以物喜,不以己悲。

　　人生无须畏惧挫折,心灵的天空,晴朗时是道美丽的景色,阴雨时也未尝不是一道风景。努力去做一个温暖的人,用真心,去感染你接触的每个人;用微笑,去面对世间的不公与无奈;用快乐,去迎接每一天的阳光;用自信,告诉每个人你是最棒的。每天都给自己一个希望,不为昨天而叹息,不为明天而烦恼,只为今天而努力。

　　没有永远晴朗的天空,也没有永远平坦的路途。人生之路总有一些苦乐要吞咽,总有一些悲喜要品尝。历经世间风霜雪雨,遍尝生活苦辣酸甜,我们深谙:只要心里有花开,人生定然春常在。

29. 幸福,其实很简单

> 幸福,其实很简单。只要你感受到幸福,就是一个幸福的人。如果你认真寻找,就一定会发现自己是幸福的。

[诠释]

一个人年龄不同,感受到的幸福亦不一样。儿时,幸福是一件东西,拥有了就幸福;长大后,幸福是一个目标,达到了就幸福;成熟后,发现幸福原来是一种心态,只有领悟了才幸福。

幸福有百般模样,一种精髓。当你生病了,有人照顾你,是幸福;当你劳累了,有人心疼你,是幸福;当你受委屈了,有人安慰你,是幸福;当你做错了事,有人包容你,是幸福;当你老了做不了事了,有人陪伴你,是幸福……

幸福不是能领导多少人,而是有多少人关心你;幸福不是有很多钱任你挥霍,而是每天开心快乐;幸福不是爱人有多好的长相,而是你们相爱着,总是在惦念着对方;幸福不是无节制地大吃大喝,而是一家人团团圆圆,健健康康;幸福不是你听着耳边的甜言蜜语,而是有人愿意为你默默付出……

幸福是一本书,一句话,一首歌,一段诗,一篇文,幸福是一盏为你亮着的灯,幸福是一杯为你沏好的茶。

如果你认真寻找,就一定会发现自己是幸福的。

30. 最简单的幸福:有家回、有人等、有饭吃

真正的幸福其实很简单,每天好好吃饭,好好睡觉,好好生活,好好照顾自己。

[诠释]

生活本就是一场周而复始的轮回,你需要的是静下心来,品味身边的一切。你会发现自己有多幸运:有一个令人羡慕、完整温馨的家庭,有一个放松身心、张扬自我的避风港,有一盏为你点亮的灯,有一个爱你的人,有一份能养活自己的工作……这世间最珍贵也是最让我们忽视的幸福,不过是有家回,有人等,有饭吃而已。

幸福,不是大富大贵,也不是大鱼大肉。幸福是一种心态,与金钱无关;幸福是一种满足,与贫富无关;幸福是一种希望,与功利无关;幸福是一种感动,与世俗无关。真正的幸福其实很简单,就是寻常的人儿依旧,寻常的事儿依旧。

31. 过好自己的生活

同样是过生活,何不过一种有品、有趣、有情的生活?认真过好每一天,把每一天都过成精品日。

[诠释]

你若想拥有美好的人生,先要让自己活得精彩。过一种有品、有趣、有情的生活,精致到老,优雅一生。

过"有品"的生活——生活需要有品。生活本身是中性的,色调和味道要靠自己调。倘若能用审美的人生态度对待生活中的每一个具体细节,日子就会变得与众不同。所谓有品,就是赋予平凡以审美格调,不苟且,不敷衍,不将就。一个有品的人,才是在生活,而不是

仅仅为生存。有品的生活,不在将来,而在当下。

过"有趣"的生活——把生活过成诗和远方。幸福,未必源自惊天动地的大事业的完成,幸福也可以是生活中一些微小愿望的实现,或是一些意外小惊喜的到来。怀一颗浪漫而有趣的心,可以让我们的生活自成一个世界。在这个世界里,只要你充满了生气和活力,就会出现惊喜和惊奇。

过"有情"的生活——情味是世间最深长的滋味。有情,是对人的关怀,是根植于内心的良善,自觉自愿,不求回报。有情的人,充实而有光辉,能让彼此的生活多一些色彩和温暖;有情的人,善感而细腻,总能营造出一个温情的世界。

过有品、有趣、有情的生活,不是虚幻的梦想。只要我们愿意付出真实的爱与行动,我们就能在生活中实现梦想,把梦想过成生活。

32. 你真正的富有,是脸上的微笑

> 微笑,是开在人们脸上的一朵花,时刻散发着芬芳。请微笑吧,那是一种智慧、一种姿态、一种尊重、一种修养。

[诠释]

微笑,是开在人们脸上的一朵花,时刻散发着芬芳。微笑,是最美丽的语言,是友善,是关爱,是温情。人间三千事,淡然一笑间。正如雪莱所说的:"笑是仁爱的象征,是快乐的源泉,是亲近别人的媒介。"笑着,笑着,你会发现,整个世界原来是这样美好。无论生活有多少挫折,请用嘴角上扬的弧度,去打败它。

生活像一面镜子,微笑是面对生活最好的样子。请记住,让这个世界灿烂的不是阳光,而是你的微笑。微笑,是一种真情,是一种坦然,是一种喜悦,是一种深情,是一种豁达,是一种从容。

请微笑吧,那是一种智慧,没有任何的功利,不卑不亢,既不是对弱者的愚弄,也不是对强者的奉承;请微笑吧,那是一种姿态,阳光的人永远以微笑示人,自己也必将活在灿烂之中;请微笑吧,那是一种

尊重,不管是亲人还是路人,微笑是心灵的按摩器,让心中的痛苦消释,让胸中的怨恨化解;请微笑吧,那是一种修养,不需要太多的语言,所有的对手都会成为朋友,没有争论而更显豁达与从容。你真正的富有,其实就是你脸上的微笑。

33. 看淡一切,快乐地活着

> 人活一世,活的就是一种精神,一种心情。一切看淡了,心也就不累了。

[诠释]

不知沧桑苦,谁知其中味;不品人间酒,谁知其中醉;不陷世间情,谁知其中累。生活的百味在于品尝,只有经历了,才会真正地懂得。人活一世,活的就是一种精神,一种心情。

幸福就是一杯水,珍惜了自有甘甜,浪费了淡而无味;心情就是一缕风,看淡了自有秀丽,看开了自有美丽。一切看淡了,心也就不累了。万事不要强求,否则只会给自己带来无尽的困扰,只会给自己带来无休止的痛苦。

每个人都要看淡一切,快乐地活着。有苦有乐,人生才会充实;有得有失,人生才算公平;有成有败,人生才合常理;有聚有散,人生才有意义;有波有折,人生才有价值。时光越老,人心越淡;在意越少,快乐越多。失望少一点,希望多一点;要求少一点,知足多一点。一切想开了,就不再困惑;一切看淡了,就不再执拗。该翻篇的,就翻篇;该过去的,就过去。

34. 人哪,别活得太累

人哪,别活得太累,好好为自己活一回。人生在世,别太疲惫,别太憔悴,心情要美,笑容要醉。

[诠释]

在生活中,太能干的人,太懂事的人,太计较的人,太重情的人,多是活得最累的人。

太能干的人最累。一个人越能干,承担的责任就越重;越能干,心中的压力就越大。家里家外你要操心,大人小孩你要过问。没钱你要负责挣钱,有钱你要负责经营。在生活的道路上你只能奋斗,奋斗,再奋斗。

太懂事的人最累。一个人因为懂事,总替别人着想;因为懂事,总是笑着原谅;因为懂事,总是包容谦让。然而,并没有谁会在意你的喜怒,也没有谁能体谅你的不易,更没有谁来心疼你的委屈。

太计较的人最累。俗话说:吃多了,嚼不烂,心事装多了,心灵受煎熬。别人说的话,别往心里去;遇到不高兴的事,就让它成为浮云。

太重情的人最累。一个人总是在付出,难免被辜负;总是太在乎,难免会痛苦;总是太执着,难免被疏忽。有些人,不能看得太重;有些情,不要陷得太深。

35. 一个人最好的生活状态

一个人最好的生活状态:有事做,有人懂,有所爱,有节奏,有期待。

[诠释]

有事做。人总要有点事儿做,恰到好处,内心充实。太忙了,容

易劳顿;太闲了,容易幻想。有事儿做,有喜欢的事儿做,便是最好。

有人懂。不怕辛苦,就怕没人理解背后的汗水;不怕寂寞,就怕无人倾诉内心的苦恼。因为被懂,悲伤可以诉说,痛苦可以解脱;因为被懂,孤单时有人陪伴,无助时有人安慰。往往风雨过后,一句温暖的安慰,一份真心的懂得,就足以融化心里的冰山。这辈子,就希望遇到这样的人,陪着你,护着你。

有所爱。有人爱且爱对人,是一种美妙的感觉。有人说感情就像一杯浓茶,恋爱时,茶香味浓;结婚后,寡淡无味。对我们爱的人,不说永远,只说珍惜。爱是一种感觉,更是一种依恋。所谓的感情就是两个素不相识的人经过相识、相知、相恋、相爱的一个过程。无论是友情还是爱情,好的感情都是陪伴,是付出。

有节奏。每个人都有属于自己的时刻表,千万别让任何人、任何事打乱你人生的节奏。一味追随别人的脚步,只会迷失自己的初心;一味听取别人的话语,只会打乱自己的生活。切记,一个人时,善待自己;两个人时,善待对方。你要相信,一切都是最好的安排。

有期待。生活有希望,才会足够坚强。人生就是一边努力着,一边快乐着,平淡且真,有所期待。

36. 好的生活方式——极简

生活方式要极简。要放弃无效的事情,最大限度利用自己的时间和精力,做一些有用的事,从而获得更大的快乐和幸福。

[诠释]

所谓极简,并不是指生活越简单越好,而是指放弃无效的事情,最大限度利用自己的时间和精力,做一些有用的事,从而获得更大的快乐和幸福。

欲望极简。要了解自己的真实想法,不受外在潮流的影响,不盲从,不跟风。将自己的精力全部放在正确的、有效的欲望之上。比如:合理的事业追求,合情的生活追求,合法的精神追求……

精神极简。选择并专注于一两项自己真正想从事的精神愉悦的活动,比如画画、书法、音乐、跳舞等。不断提高自己,不断充实自己,不要盲目浪费自己的时间与精力。

物质极简。将家中超过一年不用的物品丢弃、送人、出售或捐赠。明确自己的欲望和需求,不买不需要的物品。确有必要买的物品,要尽可能买性价比高的,并充分使用它。

信息极简。精简信息输入源头,减少使用社交网络,少看微博、朋友圈。定期远离互联网,远离手机,避免信息骚扰。

表达极简。表达的语言,尽可能简单、直接、清楚。特别是对一些易唠叨、啰唆的人,要减少自己的语言表达,不讲废话,不该管的事不要管。

生活极简。享受慢生活,享受简生活。穿着简洁,不追求花哨;吃得简单,不追求精致。

37. 宽容,是一个人最大的修养

> 宽容,是一个人最大的修养。心宽,路就宽;心容,情更浓。

[诠释]

宽容,是为人处世中最大的智慧。当理解一个人的难处时,你就懂得了什么是换位思考;当宽恕一个人的过错时,你就懂得了什么是情意的美好;当你对流言蜚语淡然一笑时,你就懂得了什么是博大的胸襟。

宽容,是最好的善待。迁就爱人的不讲理,只因太在意,才宠着、惯着、原谅着;容纳朋友的犟脾气,只因重情义,才容着、让着、珍惜着。退一步不是输,而是太在乎;让三分不是怂,而是太看重。

宽容,是最大的修养。有些人不管你喜不喜欢,都要和平相处;有些事不管你愿不愿意,都要面对接受;有些话不管你爱不爱听,都要保持冷静。找别人的错,很容易;容别人的过,不容易。宽容不是

懦弱,而是宽宏大量的性格;宽容不是退缩,而是为人谦让的品德。

做人吃一点亏,又如何?让人三分,又何妨?宽容是人与人之间的一种尊重,宽容是情与情之间的一种交换,宽容更是心与心之间的一种体谅。何必吵吵嚷嚷,何必寸步不让,何必斤斤计较,何必争个短长。心宽,路就宽;心容,情更浓。

38. 快乐三法:舍得、放下、忘记

一个人想快乐,就要舍得、放下、忘记。明白这个道理,你的人生会快乐很多。

[诠释]

人活得太累,就是因为舍不得,放不下,忘不了。一个人想要快乐,就要舍得付出,放下执念,忘记烦恼。

舍得付出。做人,舍得付出,才会有收获。内心真正富有的人,都明白一个道理,在自己付出的同时,其实也在收获快乐。舍得付出,不仅仅是对别人好,更是对自己好。唯有懂得付出、看淡得失的人,才能拥有更多的快乐与幸福。因为在付出的背后,你会看到更美的风景,拥抱更快乐的人生。

放下执念。每个人,都曾有过一些遗憾,或求而不得,或擦肩而过,让人难以释怀。人,要想心灵轻盈,活得洒脱自在,就要学会放下执念。人生无常,心安便是归处,太多的欲望和杂念,只会成为人生的包袱,阻碍你的前行。人生路上,有些东西注定要失去,与其紧攥着不撒手,让自己疲惫不堪,不如放开手,让它随风而去。该放下的就要放下,才能活得轻松,活得快乐。

忘记烦恼。人之所以会痛苦,就是记住了太多不该记住的东西。有些事,过了就应该淡忘,不要一直记挂在心里。既然有的东西是你无法左右的,不如放宽心随缘,何必自寻烦恼,自找不快。忘记,其实也是一种解脱。人要学会自我调节,定期整理、清除不好的记忆,以保持豁达乐观的心态。

39. 成熟的人，看谁都顺眼

> 成熟的人，看谁都顺眼。成熟的人，需要学会换位思考，从不轻易评判他人，善于接纳别人的不同。

[诠释]

看谁都顺眼，是一种智慧，更是一种修养。生活中的美好和艰辛，都犹如一面镜子反映我们的心灵，于不知不觉中影响着我们的感知。当我们看别人处处不满意时，很可能就是在挑剔那个深藏在心灵深处的自己。真正智慧的做法，就是沉淀下来提升我们自己，修好自己这颗心。

成熟的人，需要学会换位思考。每个人都有自己的立场，从自己的立场出发去看待事物，也是人之常情。当我们站在他人的立场上思考问题时，可能会有另一番发现。真正成熟的人总是懂得换位思考，多体谅别人的难言与苦衷。

成熟的人，从不轻易评判他人。想要真正了解一个人，永远不是一件容易的事，所以不要随便去评价一个人。当我们遇到事情时，应多一些思考和分析，少一些想当然的主观臆断。

成熟的人，善于接纳别人的不同。每个人都有自己的生活方式和兴趣爱好，当我们遇到自己不理解的事情，要善于接纳别人的不同。王阳明认为，当遇到不顺心的事和看不上的人时，最明智的做法是破除"我执"。成熟，就是不断去掉"我执"，学会包容和理解的过程。这不仅是一种有利于他人的善意，更是一种有益于自己的提升。

40. 生活，就是要生动地活着

生活，就是要生动地活着。生活的生动，在于过程，在于体验，在于我们的心。

[诠释]

人生度过的每一天，做过的每一件事，爱过的每一个人……这些都不能带走，可这些体验却让我们的生命变得有意义。生活的生动，在于过程，在于体验，在于我们的心。

生活就像一盒巧克力，你永远不知道会吃到什么味道，但你可以努力去争取自己想要的。希冀着、期盼着、努力着，也会失望着、难过着……或者就是生活里生动的部分。

生活就像一杯白开水，你每天都在喝，会觉得索然无味，有时也会羡慕别人喝的饮料多姿多彩。其实饮料未必有你的白开水解渴，人生不完全是靠心情活着，而是要靠心态去生活。换个角度看生活，生活处处是阳光。

生活就像一锅大杂烩，酸甜苦辣，五味杂陈，才是岁月。那一点酸，一点甜，一点苦，一点辣，一点咸，混合了经历生活的调料。保持本真的初心，不迷茫不疑惑地面对生活，储蓄着力量，不断打碎过去的自己，超越自我，这既是生活的历练，也是生动的体现。

41. 这三种亏，不能吃

老话常说："吃亏是福"，但不是随便什么亏都吃。

[诠释]

老话常说："吃亏是福"。任何事情都有两面性，不是所有的亏都

能吃。有些亏吃了后,不光不是福,还会是祸害。下列三种亏我们决不能吃:

对于恶意欺负自己的人,要坚决反抗。有些人天生品性不好,遇到比自己软弱的人,就欺负。当遇到别人恶意欺负你时,要尽全力捍卫自己的尊严和利益。如若不提前亮出自己的强硬态度,就会被别人一而再、再而三地践踏你的底线。

对于明显欺骗自己的事,要戳穿骗局。现实生活中,有些人自认为聪明,常常睁眼说瞎话,把黑的说成白的,把稻草说成黄金,一副唯我独尊的样子。在这种情况下,我们不要再给这样的人留"面子",揭示事情的真相,给这样的人一个迎面痛击。不然,他还以为你真傻,好欺负。

对于明显把他人当棋子的人,要棋高一着。有些人自认为很有本事,习惯于把别人当棋子,任自己驱使。这种人最擅长的就是使用计谋,确切地说是心计。遇见这样的人,要使自己不上当,你就得棋高一着,比他更高明,当众揭穿他的鬼把戏。

 事业有成篇

事业有成篇

42. 聪明地思考,愚笨地做事

当你想要做成某件事时,唯一的做法就是:聪明地思考,愚笨地去完成。

[诠释]

在这个世界上,能够聪明思考的人大有人在,但能够将所想之事坚持做到最后的人却少之又少。因为能愚笨地去践行那些聪明的设想并最终获得成功需要很强的执行力和耐力,而执行力和耐力正是成功人士与芸芸大众最明显的不同。因此,当你真的想要做成某件事的时候,唯一的做法就是:聪明地思考,愚笨地去完成。

一个人碰到困难时,要努力地不懈地寻找突破的方法和采取合适的措施。真正的成功人士碰到困难时,从不逃避,从不为失败找借口,而是尝试多种方式方法解决问题。

当然,凡事都有两面性,都存在两种不同的选择:一种是愚笨地坚持到底,一种是有勇气地中途放弃。在推进某一事情的困难期,脑海中会出现"愚笨地坚持到底"与"有勇气地中途放弃"两种想法,如何选择呢?不妨问问自己,为什么要做这件事?如何做才能达到将事情做成做好的目的?回答好问题,也就找到了答案。

43. 宽严相济的管理之道

在制度上严,在处罚上宽;在工作上严,在生活上宽;在执行上严,在创新上宽;对事严,对人宽;对己严,待人宽;先要严,然后宽。

[诠释]

作为一位管理者要坚持管理之道:一张一弛,宽严相济。宽与严,是对立统一的一对矛盾。宽严之间,如何平衡,既体现管理者的胸怀,也体现管理者的智慧。

在制度上严,在处罚上宽。摒弃"人治",把权力关进制度的笼子里。在抓好制度、严格管人的基础上适当放宽处罚。

在工作上严,在生活上宽。领导者在工作上严格要求的同时,应该注意情感管理,积极打造良好的感情氛围。将自己融入集体,在生活上多关心手下成员,尤其关心那些需要帮助的成员。只有上下级关系和谐,及时沟通,互相理解,才能使各种指示得到顺利有序的执行。

在执行上严,在创新上宽。在团队中,要尊重每个思想活跃的个体,为他们创造宽松的人文环境,给他们个性与才华的展示创造一个舞台,打造一个百家争鸣、百花齐放的局面。要鼓励员工在讨论与探讨问题时发表意见,要宽容员工在开拓与创新中出现失败。这样,员工才能敢于阐述自己的观点,敢于开拓新的领域。

对事严,对人宽。一个人,做错了事,必须加以处罚,但并不是说做事的人不能得到宽恕;而对一个人的宽容,也不是说对他做错的事情可以淡然处之,轻易原谅。当一个人做错事时,我们应抱有同情心与怜悯心,要体会他的过往经历与成长的不易,给予改正与成长机会。不要一棍子打死,全盘否定。对事严格严苛,对人宽容宽恕,这才是严与宽的真谛。

对己严,待人宽。领导干部应率先垂范,做有素质、守纪律、讲规矩的排头兵。不能严于律人,宽于律己。待人宽,就是说,作为一名领导者,要善于团结各种不同的人,甚至批评过你、伤害过你但有必要团结的人。对待别人的某些错误,不能恶语相加,不能抓住不放。应该遇到问题讲协作,遇到利益讲风格,遇到矛盾讲大度,遇到摩擦讲大局。

先要严,然后宽。《菜根谭》中写道:"先严后宽者,人感其恩;先宽后严者,人怨其酷。"固先严后宽是领导干部最明智的管理之道。

44. 带着微笑去工作

> 你,不要把工作看成是一种谋生手段,而要把工作当成一种生活乐趣。这样的你,才会为工作而投入,甚至会为工作而痴迷。请记住:在你的努力下所有的困难都会迎刃而解。

[诠释]

有的人视工作为苦役,有的人却视工作为事业,并在工作中获得极大的乐趣和满足;有的人整日咒骂着自己的工作,有的人却满怀感恩之心,兢兢业业地从事着自己的工作。朋友,不要把工作看成谋生的手段,请把工作当成生活的乐趣吧!

高尔基曾说过:"工作是一种乐趣时,生活是一种享受;工作是一种义务时,生活则是一种苦役。"美国石油大王洛克菲勒也曾指出:"如果你视工作为一种乐趣,人生就是天堂;如果你视工作为一种义务,人生就是地狱。"

看似枯燥的工作,你会在甘苦之间,体会到欣慰,感受到快乐。当你搞定手中难题时,你会微笑;当你找到工作乐趣时,你会微笑;当你发现自我价值时,你会微笑。带着微笑工作是一件非常惬意的事,这充分说明你已将自己的工作视为一种乐趣。当你所从事的工作,刚好与你的爱好相符,你可知道,你有多幸运。若你的工作是建立在自身爱好基础上,你就是一个拥有无比快乐与幸福的人。

快乐其实很简单,哪怕一个小小的理由,就能给自己带来喜悦。微笑,是传递快乐最简单、最直接的方式。无论是工作还是生活中,任何人都不应吝啬自己的微笑,更不可藏匿自己的快乐。工作中,如果每一位员工都能将自己的喜悦与大家分享,就会营造一个快乐、高效、舒适的工作氛围。

让我们每一天,都带着微笑去工作。

45. 工作既是一种态度,更是一种责任

> 工作就是一种态度,有什么样的工作态度,就会有什么样的工作业绩。工作更是一种责任,有什么样的责任担当,就会有什么样的辉煌业绩。

[诠释]

工作是一种态度,是一种追求,更是一种责任。推诿责任导致抱怨,承担责任体现价值。在单位里,工作态度就是一个人的核心竞争力,一个人能否脱颖而出,固然需要能力超众,但更需要工作态度端正积极。一个敬业、有责任感的员工,不仅能出色地完成自己的分内工作,还能时时刻刻为单位着想。只有那些勇于承担责任、有很强责任感的人,才能被赋予更多的使命,才有资格获得更大的荣誉。

有的人,把工作当成一件辛苦差事;有的人,把工作当成一种谋生方式;而有的人,则把工作当成一种职责、一种责任、一种追求。他们已然将工作从谋生的职业,升华为自己生命中的事业。他们身上的干劲和激情,激励着他们用心去做好每一件事情,努力去完成每一项任务,就算再苦再累,也无怨无悔。

法国小说家巴尔扎克曾说过:"辛勤工作是人生的一大快事。"英国哲学家罗素也曾说过:"伟大的事业是根源于坚忍不拔的工作中,以全力以赴的精神去创业,不畏艰难险阻,才能收获丰硕的果实。"可见,一个人的幸福与快乐其实就存在于真正的工作中。人生的价值需要在工作中体现,也需要在工作中创造。

46. 一个人工作顺利的迹象

> 能把工作做得越来越好的人,都有六点相似的人生智慧:丰盈在大脑里的知识,飞扬在笑脸上的自信,融入于血液里的骨气,镌刻到生命里的坚强,常挂在嘴角边的微笑,深藏在心底里的梦想。

[诠释]

丰盈在大脑中的知识。想要把工作做精,一定要多读书,努力充盈自己,丰富身心。在书的熏陶下,你会更有底气、更加从容地应对工作中的坎坷荆棘。

飞扬在笑脸上的自信。想要把工作做好,首要的是发自内心地认可自己、喜欢自己。以一颗平常心,坦然接受自己的缺点和不足,并且永不停息地打磨自己,精进自己,努力修炼自己。

融入于血液里的骨气。在工作中,不要偷懒,不要耍小聪明,更不要过于依赖别人。时刻谨记,工作是自己努力干出来的,工作是给自己干的。

镌刻到生命里的坚强。面对打击时,别一蹶不振,别丧失斗志。给自己一段疗伤的时光,默默振作起来。工作失意时,别沉溺痛苦,别悲观颓废。要坚强一些,勇敢一点,和过去告别,以更好的姿态迎接新的人生,重新站起来。

常挂在嘴角边的微笑。时刻做一个明媚爱笑的人,让自己的每一天都充满阳光,也给身边的同事和朋友带去好心情。不要抱怨,保持乐观,相信一切都是最好的安排,相信那些走过的曲折,最终都会变成一道道彩虹。

深藏在心底里的梦想。不管年龄多大,日子再忙,依旧不断学习、不断探索,永远不要放弃梦想。在追梦的路上,永远保持年轻的心态。

47. 一个人最大的能力，是让人对你放心

> 一个人最大的能力，是让人对你放心。给出的承诺要履行，答应的事情要完成。这样，人生之路才能越走越宽广，越走越顺畅。

[诠释]

小聪明人人都有，但能把事办妥帖的人却并不多。凡事，别总想着一鸣惊人，能把自己应做之事踏踏实实完成，就是极好的。

在工作与生活中，许多人都偏爱与"靠谱"之人共事。究其原因，一个靠谱的人可以把自己的能力百分之百地用到实处，而聪明却不靠谱的人，虽时常有惊艳之处，但也常给你捅出"篓子"来。

有人说，靠谱的人都是相似的，不靠谱的人各掉各的链子。在小事上犯迷糊，别人最多无奈一笑；若在重要事情上掉链子，带来的损失可不能一笑了之。

对一个人最好的评价："你办事，我放心。"如果一个人将平时的小事都做得毛毛躁躁、漏洞百出，那么谁又怎么敢将更重要的事托付给他呢？所谓"靠谱"，归根结底就是为人做事让人放心，给出的承诺要履行，答应的事情要完成。这样，人生之路才能越走越宽广，越走越顺畅。

48. 没有天降的贵人，只有努力付出的自己

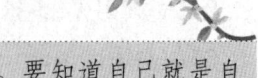

> 真正聪明的人，都懂得先做自己的贵人。要知道自己就是自己最大的贵人。用心做人，认真做事，就是自己的贵人运。

[诠释]

在生活中，别人给予你的所有机会，都源于你的努力和实力。如果光想不做，不仅会白白错过大好时机，还会让那些原本想要帮你的

人失望。想得到贵人相助,自己必须先要成为有准备的人。真正聪明的人,都懂得先做自己的贵人。天道酬勤,机会总是青睐那些勤奋的人。任何成功都不是偶然,都是经过努力付出后的回报。

人生所有的福报,都来自于自己。爱出者爱返,福往者福来。要知道自己就是自己最大的贵人。这世间,没有无缘无故的幸运,更没有无须付出的福祉。所有的现状,其实都是自我选择和努力的结果。期待遇到一个能够帮助自己的贵人,是人之常情。但我们最应该做的,不是坐等贵人的到来,而是努力让自己变得更好,赢得贵人的青睐。

用心做人,认真做事,修炼好自己的品行、学识和涵养,把这些点点滴滴积累起来,就是自己的贵人运。做自己的贵人,也就是做自己命运的主人。

49. 懂人,方能用人

> 作为企业的管理者需要具有:识别人才的慧眼,渴求人才的观念,爱惜人才的理念,宽容人才的肚量,驾驭人才的能力,保护人才的魄力。

[诠释]

行业间的竞争归根到底是人才的竞争,人才是企业的第一资源。想要获得竞争的主动权,想在激烈的竞争中处于不败之地,就要吸收并聚集大量的优秀人才,获得了竞争的主动权,就会在激烈的竞争中立于不败之地。作为企业的管理者需要具有:

识别人才的慧眼。如果管理者没有识别人才的慧眼,即便人才就在眼前,也会错过。识才需察言观行,尤其是观行。人各有才,只不过是才能有大小之分、方向之别。要善于识别不同类型的人才,要善于使用不同类型的人才。

渴求人才的观念。既有爱才之心,自有求才之渴。从刘皇叔三顾茅庐才请出诸葛孔明,可知人才难得。人才,必有其出众之处,自

然不多,而这不多的人才又都淹没于广大的人群之中。想得到人才,需要管理者孜孜以求地寻找。

爱惜人才的理念。人才是企业的宝贵财富,各级管理者必须爱惜人才,绝不能嫉贤妒能。即便管理者是一个非凡的人才,若没有几个才华卓越的干将和一大批业务骨干,孤家寡人的管理者是很难有大的成就的。

宽容人才的肚量。用才不易,容才更难。人才,有所长,也必有所短,而且往往是优点越突出,缺点也越明显。这就需要管理者具有广阔的胸怀、宽容的肚量。

驾驭人才的能力。管理者如果善于驾驭人才,领导效能就会事半功倍。管理者的才干不一定样样都强过别人,但他必须具备超群的用人才能。

保护人才的魄力。金无足赤,人无完人。即使人才,也会犯错误,也难免在工作中出现失误。管理者既要防止"棒杀"人才,又要防止"捧杀"人才。

50. 一个人的失败,十之八九源于发怒

人生路上,多争气,少生气;前进途中,多努力,少发怒。

[诠释]

不管是在生活中,还是在事业上,容易发怒,控制不住情绪的人,更容易遭遇挫折。即便是能力再强的人,如果犯了多怒的毛病,也注定不会走得太远。如何才能控制好脾气少发怒呢?

学习柔和。人的牙齿是硬的,舌头是软的。学会柔和,人生才能长久。心柔软了,是一个人的最大进步。

学习忍耐。忍一时风平浪静,退一步海阔天空。忍就是会处理、化解矛盾,用智慧、能力让大事化小、小事化了。

学习沟通。沟通就是相互了解、相互体谅、相互帮助。缺乏沟

通,容易产生是非、争执与误会。

学习放下。人生中的很多负累就像长途旅行中的一只皮箱,应放下时就要放下,否则无法自在。学会认错、尊重、包容,才能让人接受,才能让己自在。

学习感动。看到人家得好处,要欢喜;看到好人好事,要感动。生活中的许多事情都在不断地感动我们,我们也要通过干实事感动他人。

学习生存。为了生存,就要保护好身体。身体健康不但于己有利,也会让关心我们、在意我们的家人朋友放心。

51. 糊涂做人,清醒做事

做人,还是糊涂点好;做事,还是清醒些好。

[诠释]

人,要学会适时糊涂。做人的最高境界,就是抱朴守拙。学会藏拙,是一种智慧;糊涂做人,是一种境界。其实,谁都不是真糊涂,只是有些时候,宁愿活得傻一点儿,也别活得太明白、太认真。

做事,要么不做,要么就好好做。无论外界的环境如何变化,无论身边的同伴如何诱导,都要时刻提醒自己。人总会遇到各种各样的不顺,别抱怨,别放弃,始终认真地坚持做下去,总会遇见美丽的彩虹;无论别人怎么做事,无论别人怎么看待,都不要懈怠自己的热情,都不要动摇自己的决心;为了将要收获的成果,哪怕再劳累,再辛苦,也要一如既往。因为你的人生路,别人帮不了忙;别人的人生路,你也模仿不了。

做事,清醒一点总没错。清醒地知道自己想要什么,清醒地知道自己正在做些什么,这才是对自己人生最负责的行为。

52. 成功时低调,逆境时微笑

> 再成功也要低调,再艰难也要微笑。正确地面对生活,才是人生的正道。

[诠释]

再成功也要低调,再艰难也要微笑,这是做人真正的内涵。因为这世上,没有过不了的火焰山,也没有四季不败的鲜花,正确地面对生活,才是人生的正道。

成功,只是世俗的称谓,对那些经历过人世沧桑的人来说,他们清楚"好与坏""多与少""上与下""贫与富"是随时都可能变化的。因此,保持清醒与低调,才不会让人生的航船倾覆。一个人的成功固然不易,但成功之后不张扬、不显摆,始终保持一种低调做人的态度,实在难得。成功者低调做人,不仅是一种境界、一种风范,还是一种思想、一种哲学理念,更是所有低调做事的人一直在践行的人生准则。

微笑看似简单,其实是一种健康向上的生活态度,是一种积极有为的做人精神。一个人哪怕再疲惫,也绝不放弃对生活的热爱;哪怕再艰难,也绝不苟且偷安自暴自弃;哪怕再卑微,也绝不能让灵魂住在阴暗之处。不管生活多么不堪,能始终保持微笑的人,什么事情做不成?生命离不开坚韧,再艰难,也不失一颗赤子之心,始终保持一种高昂的斗志,不失为一种生命的高贵。

事业有成篇

53. 知人者智，知己者明

一个人，能了解认识他人只是一种聪明，而能了解认识自己才是一种智慧。

[诠释]

老子说："知人者智，自知者明。"莎士比亚曾说："愚者自以为聪明，智者则有自知之明。"人贵有自知之明。

尺有所短，寸有所长。每一个有自知之明的人，都懂得正确认识自己，实事求是、全面客观地看待自己，既看到自己的优点，又看到自己的缺点，还要用发展的眼光看待自己。真正的人才，都能够正确地看待自己，不为优点而沾沾自喜，不为缺点而丧失信心，想方设法地提升短板，全面发展。

凡大事成功者，从来不可能单靠个人努力就能完成的。做人，切勿将自己看得太重，要懂得团队合作。古往今来，凡成大事者，都是有自知之明、讲究合作的人。成功的人，都自知自身的优劣，懂得团结团队的力量，实现最大的价值。

做人，不能没有自知之明；做人，最难有自知之明。人一旦具备自知之明的美德，人格便会高尚，品行便会高远，自然就会赢得人们的尊敬与赞美。

54. 身处低谷，怎么走都是向上

> 人生之路总是充满坎坷与挫折，不可能永远顺风顺水。沉得低，才能跳得远；沉住气，方可成大器。身处高峰也罢，低谷也罢，都要坦然处之。

[诠释]

人生在世，没有谁的一生是一帆风顺的，生活中总会有这样那样的难题，让我们身陷低谷。身陷低谷，难免会有各种不同的负面情绪。其实，遭遇人生低谷不可怕，可怕的是你被磨难打败。往往处境越艰难，越要保持好自己的心态。

迎难而上，调整自己心态。人生本就无常，遭遇挫折，有的人一蹶不振，坠入深谷；有的人迎难而上，逆风翻盘。其重要原因是：能不能保持积极的心态，有没有乐观自信的态度。

自我反思，提升自己能力。自我反思，无论是在高峰还是在低谷，都是必不可少的。"吃一堑，长一智"，总结经验教训，增加自己的智慧，千万不能因一时遭受的挫折而气馁。成大事者，并非没有遭遇苦难，只是他们懂得在跌倒的地方爬起来。失败时，要沉得住气，要反思自己，要在困境中默默潜伏修炼。只有让自己逐渐强大，在机会来临的瞬间，我们才能毫不迟疑地奋起搏击，实现人生的大翻盘。

坚定初心，做最好的自己。人生是一场充满坎坷的旅途，有起也有落，有喜更有悲。面对百味人生，即使在人生不得意时，也要坚定自己的初心。只要你坚定初心不放弃，一步一个脚印，咬紧牙关走下去，一定会迎来黑暗尽头的阳光。要相信自己，没有过不去的"坎"，没有趟不过的"河"。人生是自己的，做好自己才是最最重要的。

55. 前进需要勇气,拐弯需要智慧

前进需要勇气,拐弯需要智慧。路不通时,选择拐弯;心不快时,选择看淡;情渐远时,选择释怀。

[诠释]

人生天地间,路路九曲弯,从来没有笔直的。人生路上难免会遇到坎坷,拐个弯,绕个远,何尝不是个办法。山不转,路转;路不转,人转。只要心念一转,逆境也能成机遇。只要你心里拐个弯,就会路随心转,从而超越自我,开创新的天地。

行至水穷路自横,坐看云起天亦高。路旁有路,心内有心,凭的是眼界与心胸。命运需自己掌握,拐弯是前进的一种方式。有人说,在人生的路上就两件事:前进和拐弯。前进需要勇气,拐弯需要智慧。路不通时,选择拐弯;心不快时,选择看淡;情渐远时,选择释怀。

人生之路,有崎岖有平坦,总有许多沟坎需要跨越;生活之味,有苦辣有甘甜,总有许多咸涩需要品尝。旅途中总有拐弯的地方,面对痛苦,无须躲避,坦然面对,用简单快乐之心,笑迎人生。

这世上,弯路有无数条,绝路只有一条。其区别是,弯路是把路走"绕"了,绝路是把路走"反"了。路走不通时,何不选择拐弯呢?针对漫漫人生路,看得清比走得快更重要,因为走得对才能走得远。

56. 接受平凡，拒绝平庸

> 一个人快乐生活的根本，正是坦然地接受平凡，坚定地拒绝平庸。接受平凡，可以让你在仰望星空时内心安宁；拒绝平庸，可以让你在俯首前行时步履坚定。

[诠释]

平凡与平庸，其区别在于是否有过追求。一个曾经努力，一个从未开始。在字典里的含义相近，可仔细揣摩，平凡，让人坦然安心；平庸，显得颓废无趣。可见，二者形似却神远。

我们身边，总有一些人是与众不同的。工作上，他们积极进取，对工作井井有条，对同事热心帮助；生活上，他们乐天淡然，对家人温暖有爱，对朋友忠诚无欺。这样的人，不会尖酸刻薄，也不会斤斤计较。只因曾经的努力与奋斗，锻造了他们强大的内心。而平庸之辈，他们不曾努力过一次，安于现状，随波逐流；他们也不曾触摸卓越，更无心去追求卓越。

人的成就，努力和运气各占一半。再优秀的人，也可能成就平平；一个毫无斗志的人，就算身处要职，也终难坚守。接受平凡，是奋斗过后的豁达和坦然。甘于平庸，则是不敢挑战的怯懦与散漫。真正发自内心地接受平凡，也一定会不由自主地拒绝平庸。

面对曾经的成就，平凡者会不念过往地记住，平庸者则会迫不及待地夸耀；面对当下的生活，平凡者认真经营，平庸者则糊涂度日。面对未来的奋斗，平凡者拥有直面一切荣辱兴衰的勇气，而平庸者则可能左顾右盼而遁走。可见，接受平凡，可以让你在仰望星空时内心安宁；拒绝平庸，可以让你在俯首前行时步履坚定。

57. 一个人最好的状态

一个人最好的状态,是清醒时做事,糊涂时读书,独处时思考,动怒时睡觉。

[诠释]

清醒时做事。有句话说得好,冲动是魔鬼。当我们思维混乱或者情绪不稳定时,做出的选择和决定往往是错误的,甚至是得不偿失的。如果你能静待几分钟,等自己心情平复,能清醒地分析或理智地选择,再从长计议,可能结果就会大相径庭。冲动行事,不仅不能解决问题,还会给自己带来巨大的损失甚至是不可挽回的伤害。

糊涂时读书。读书,是这个世上成本最低的投资。你可从书中汲取充足的养料,不断地提升和完善自己;也可从书中汲取超群的智慧,不断拓展思维和格局。当你感到糊涂时,不妨拿起手中的书,开始阅读。虽然书籍并不能帮你立刻走出困境和迷途,却可以助你避开更大的认知局限和盲区。

独处时思考。许多人在生活中最害怕独处,这恰是因为当他们一个人时会感到孤单,感到无聊,甚至感到无所适从。其实,一个人最安静、最平和时,恰是独处时,也是最不易被打扰的。你可以在此时思考人生、思考生活……唯有独处,你才可摒弃外界的喧嚣和浮躁,静下来倾听内心最真实的感受和声音,你才知道自己真正想要的是什么。生活越来越忙碌,一个人能够独处的时间越来越少。抓住你拥有的独处时光,好好地反观和调整自己。

动怒时睡觉。每个人都有情绪不好的时刻,有时是因为工作中遇到瓶颈,有时是因为朋友的不信任,有时是因为家人的不理解。白天,也许你还能表现得云淡风轻、若无其事,但夜深人静时,你可能越想越生气,越想越觉得委屈。人在情绪的低谷,不仅容易胡思乱想,还可能做出一些令自己后悔的决定,所以动怒时最好的选择是睡觉。你不必拿别人的错误惩罚自己,也不必与不顺的事纠缠到底。夜晚,

我们要把烦恼清空,这既能让自己有个好睡眠,也能让自己彻底冷静。即便有暂时迈不过去的坎、熬不下去的难、让你感到万分痛苦的事,好好睡一觉,第二天醒来时,你会发现,一切宛若新生。

58. 专注做事,走好自己的路

在每个人的人生旅途中,在每个人的奋斗历程中,都有一个目标。实现这一目标,没有任何捷径,没有任何窍门,有的只是专注。

[诠释]

那些在各个领域有所成就、有所建树的人,从不过分在意他人的评价,也不过多关注个人的利益。他们仅仅专注自己的领域,走好自己的道路。

斯巴鲁汽车公司曾推出一个主题广告——"我行我路"。广告中拍摄的每个人,都是在自己业界表现非常出色的,又专注做自己事业的人。"我行我路"告诉我们,在为自己事业奋斗的路上,不可能没有阻碍,没有质疑,没有忽视,然而如果我们只专注于走自己的路,不被艰难险阻影响自己的内心,就能获得巨大的成就。

创业也好,打工也罢,在我们每个人奋斗的途中必须要有一个目标,要实现这一目标,没有任何捷径,没有任何窍门,有的只是专注。专注,是一个人成就事业的基础。在奋斗的路上,需要保持专注,要把大部分的精力放在自己要走的路上,对于其他则只做较浅层次的涉猎。

专注做事,走好自己的路。

事业有成篇

59. 努力,人生最好的姿态

> 生活,不是因为有了希望才努力,而是努力了才有希望。努力不一定会成功,但成功一定离不开努力。

[诠释]

努力,是人生最好的姿态;努力,一切可期。生活有时看似不公平,但对努力的人从来都是公平的。一分耕耘,一分收获。生活,不是因为有了希望才努力,而是努力了才有希望。不退缩,不抱怨,不放弃,迎难而上,就是最好的人生。一个热爱生活、用心生活的人,生活一定不会辜负你,最终会在适当的时候,给你满满的回报。

努力不一定会成功,但成功一定离不开努力。努力的日子,就是自己同自己做斗争的日子,需要坚持不懈的精神,更需要持之以恒的付出。你不努力,谁也给不了你想要的人生。屡败屡战、永不放弃的人,才会离成功的目标越来越近。

人生,从来没有白费的努力,也没有碰巧的成功,一切看似无心插柳柳成荫,其实都是水到渠成瓜熟蒂落。习近平总书记说:"只有奋斗的人生才称得上幸福的人生。"成功没有快车道,幸福没有高速路。所有的成功,都是来自不倦的努力和奔跑;所有的幸福,都是来自平凡的奋斗和坚持。

一个人越努力,就会越幸运,不忘初心,方得始终。祝愿你在梦想的旗帜下,在努力的大道上砥砺前行,实现更好的人生。

60. 凡事从自己身上找原因

> 人难免会犯错误。犯错不推诿责任,从自己身上找原因,是一个人植根于内心的修养。

[诠释]

一个人之所以能够不断地进步,在于他能够不断地自我反省,以追求完美的态度去做事,从而超越自我,取得成功。

一个人,遇到问题的第一反应是什么?是把责任推卸给外部因素,还是反省自身找出问题的根源?遇到问题,与其推卸责任,怨天尤人;不如反躬自省,从自身找原因。

人际交往中,遇事不指责别人,不推卸责任,能对自己做出反省的人,一定是一个有修养的人。我们虽做不到"吾日三省吾身",但在出现问题时,也要及时反思自己,而不是一味推卸责任。善于自省,在错误中成长,才是一个成熟的人的必修课。不推诿责任,时刻反省自己,是一个人不可多得的修养。

海涅曾说:"反省是一面镜子,它能将我们的错误清清楚楚地照出来,使我们有改正的机会。"自省,是一种能力,更是一种境界,能潜移默化地改变一个人。自省,能让我们更加清晰地认识自己。

自省,是一种懂得为自己负责的人生态度。情感大师涂磊说过,人类最伟大的力量不是创造,而是自省。如果你能坦然面对自己的错误,接纳自己的不足,做到每日自省,你就会发现人生真的不一样。伟人之所以伟大,不是因为他不会犯错误,而是因为他懂得时刻反省自己。人生漫漫,难免会有低谷,善于自省,才能少摔跟头,少走弯路。

愿你我都有这样的自觉——"吾日三省吾身",努力成为更好的人。

61. 成功之人的精神深度

> 一个人的深度,是一种生命的厚度。有深度的人,为人处世严谨、认真与果敢,颇富感染力与感召力。

[诠释]

一个人的深度,是"达则兼济天下,穷则独善其身"的进取与淡泊,是面对世事变迁生命无常的淡定从容。一个人的深度,是一种生命的厚度。一个有深度的人,不但要知性,还要智慧。

一个人的"深"在于他的思想深度。他能从普通生活现象看到不普通的人生哲理,或者说他能在平凡生活现象背后看到旁人看不到的东西;他能把别人感觉到但说不明道不清的事情分析得条理清晰,使人茅塞顿开,恍然大悟;他能把别人司空见惯习以为常的事情找出不合理、不正常的根源,使人醍醐灌顶,如梦方醒。

一个人的"深"在于他的学识渊博。他懂得"站在巨人肩膀"上看世界。也正因他学识渊博,他更知道"学海无涯",更知道"山外有山"。他没有眼高手低的轻狂,没有志大才疏的张扬,始终保持虚怀若谷的人生态度,向书本、社会、生活学习,向比自己强的人学习,孜孜不倦,锲而不舍。他懂得"学而不思则罔,思而不学则殆",在学中思,在思中学,久而久之造就了自己独有的深度。

一个人的"深"在于他的涵养深厚。尽管他看得准、看得深,但他不轻易表态。他懂得什么地方该说,什么地方不该说;什么时候说有人听,什么时候说没人听;该说时他不仅知道说什么,还知道怎么说。所以,他要么沉默寡言,要么语惊四座,决不轻信传言,更不会散布谣言。他有真知灼见,只看你愿不愿意"听",和这样的人交朋友会受益匪浅。

一个人的"深"在于他的忍辱负重。他总是任劳任怨,从不轻易诉苦。再苦再难的事,对于他不过是一次新挑战,因为他知道跨过这道"坎",前面又是一片天。失败了不要紧,跌倒了再爬起来,一个人可以被打败,但永远不会被打倒。

62. 一个人成熟的标志

一个人成熟的标志有三,即:脾气越来越小,期待越来越少,心态越来越好。

[诠释]

人一生的经历、感受、体会很多很多,或好或坏,或对或错,或让你快乐,或使你痛苦……正因为如此,让你一步步走向了成熟。

一个人成熟的第一标志,就是脾气越来越小。我们要渐渐学会收敛脾气,即便内心再有情绪,也要维持基本的体面,做到谨言慎行、说话得体、行为合理。要懂得,身体是自己的,如果被气坏了,受罪的还是自己;要懂得,用别人的错误惩罚自己是不值得的,总是无形地跟自己较劲是没有必要的;要懂得,生气解决不了问题,反而会使情况越来越糟。无论遇到多么棘手的事,都要有勇气去面对;要懂得,没必要为了鸡毛蒜皮的小事纠缠不清、耿耿于怀,也不必为了那些曲解、误会和诋毁而大动干戈。一个人,做到心安和坦荡就好。

一个人成熟的第二标志,就是期待越来越少。一个人要降低对别人的要求和期待,更不能高估你跟任何人的关系。因为往往期待越高,伤害越深;希望越大,失落越大。保持一颗平常心,就会减少不切实际的幻想和巨大的落差感。当你渐渐减少对别人、对结果、对外在一切过高的期待,就不会去纠缠、去强求,就会变得更加理性、清醒和睿智。

一个人成熟的第三标志,就是心态越来越好。一个人要学会不抱怨,可以改变的,就改变;不能改变的,就接受。一个人过得好不好,跟他的心态关系很大。心态不好,世界就会黯淡无光;心态好了,人生就会开阔明朗。一个人的成熟,是从内在的心态去自省、去调整、去疗愈,而不是一味地从外在去刻意寻求难以觅得的安慰和帮助。

63. 做人做事，良心最贵

一生为人，良心最贵。凭良心做人，才是善人；用良心做事，才是好人。

[诠释]

做人，一定要有良心，因为良心，是命里的黄金；良心，是最贵的资产。做人，要知感恩，帮过你的人，不忘；疼过你的人，不弃；暖过你的人，不离。

良心在心中，是非黑白分得清，不会扭曲事实，不会同流合污。只要良心在，不管成功还是失败，不管优秀还是平庸，都会做到人品端正。

一个有良心的男人，不缺知己兄弟，做事有人帮衬；一个有良心的女人，不缺挚友姐妹，办事有人依靠。有良心的人，坦坦荡荡，不虚伪；顶天立地，不卑微。人，没了良心，就没了人品；没了人品，就没了真诚；没了真诚，就没了朋友。人，一旦没了良心，枉为人。

人，这一辈子，要做个有良心的人。善良而真诚，不忘恩，不记仇，不做忘恩负义的小人，不做恩将仇报的坏人。一生为人，良心第一。凭良心做人，才是善人；用良心做事，才是好人。

64. 成功的要诀是看一个人有多"傻"

成功的要诀就是坚持，就是始终坚持。只有"傻"的人才会这样做，只有"傻"的人才天生懂得这个要诀，也只有这样的"傻"人才能取得成功。

[诠释]

不要计较所做的事情大小，哪怕只是一件极其简单的事，我们都

要把这件事当作事业,当作信仰,甚至当作生命去做好。坚持和坚定地做下去,自始至终不动摇、不放弃。如果一个人能把一件事做到极致,做到完美,做到独一无二,做到无与伦比,那他就是成功的。

简单地说,成功的要诀就是坚持,就是始终坚持。只有"傻"的人才会这样做,只有"傻"的人才天生懂得这个要诀,也只有这样的"傻"人才能取得成功。

从某种意义上说,成功的要诀不是看一个人有多聪明,而是看一个人有多"傻"。

65. 和正能量的人在一起

> 正能量,代表着一种充满阳光的心境。和正能量的人在一起,你的内心会充满阳光。

[诠释]

正能量,代表着一种充满阳光的心境。拥有正能量的人,自带光芒,犹如一种磁场,给他人的心灵以强大的吸引力。和一群优秀的人在一起,你也会向优秀的人靠近,追随优秀的人的脚步,慢慢成为一个优秀的人。和正能量的人在一起,你会发现人生的美好,会感受人生的意义。和正能量的人在一起,你会提高自己的格局,会提升自己的境界。当你身边的朋友都是心怀正能量的人,你对待生活的态度、为人处世的方式,也会潜移默化地变得乐观积极。久而久之,你的内心也会充满阳光。

人生处处需要正能量。正能量的人,是一个乐观开朗的人,纵然有痛苦和悲伤,终将其转化为幸福和快乐;正能量的人,是一个宽容淡定的人,坦然面对人生悲喜,保持对人生的豁达与包容;正能量的人,是一个睿智聪明的人,面对困难与困境,会努力发现不足,积极寻求方法;正能量的人,是一个光芒万丈的人,因为他们乐于助人,总能感受人生的快乐,因为他们热爱生活,总能发现生活的美好。

请做一个正能量的人,温暖人心,给人希望。让乐观、积极、向

上、善良、优秀、美好、幸福成为生命中的主旋律,面对困难沉着冷静,对待生活热情似火。

66. 人干净,心才贵

> 人有净气,风度自来。干净立世,心安一生。谈吐干净,才能收获真挚友谊;心灵干净,才能不为名利所役。

[诠释]

干净,是一个人的风度与气质。契诃夫曾说:"人的一切都应该是干净的,无论是面孔、衣裳,还是心灵、思想。"人生在世,不一定要富贵荣华,声名远扬,但一定要活得清清白白、干干净净。干净,是最好的底牌,是最可贵的品质。

干净不只是一种气质,更是一种生活的态度。真正好看的人,往往不是那些穿金戴银、浑身珠光宝气的人,而是仪容干净、举止有度的人。无论是在工作上,还是在生活上,一个干净的外在形象,是最有说服力的名片。干净的人,会把自己的生活过得有声有色,会把自己的工作干得有板有眼。

一个真正有修养的人,往往谈吐干净。他们知道言语的力量,懂得顾及他人的感受。谈吐的干净,是一种风度,是一种涵养,是不让他人尴尬的体谅,是刻在骨子里的高贵。

干净立世,心安一生。孟德斯鸠说:"美必须干干净净,清清白白,在形象上如此,在内心中更是如此。"心灵干净的人,做事光明磊落,仰不愧于天,俯不怍于地,活得纯粹,活得清白。心灵干净的人,就像一块明镜,不为名所累,不为利所役,清清白白做人,坦坦荡荡做事。

67. 员工的忠诚来自哪里

员工对企业的忠诚度,来自企业对自己的信任、尊重、重用、关爱和理解,来自企业的待遇和信誉,也来自企业老板的魅力。

[诠释]

与其抱怨员工的忠诚度不够,不如好好思考员工为什么不够忠诚。大致说来,员工的忠诚度主要来自以下八个方面:

来自企业的信任。信任是员工与企业建立合作的基本条件,也是提高员工对企业忠诚度的基础。这种信任不仅体现在对老员工信任,对新员工信任尤其重要,甚至对试用期间的员工也要给予基本信任。

来自企业的尊重。如果企业尊重员工,时刻把员工作为企业最宝贵的财富,充分认识到员工的价值,那么员工对企业肯定是忠贞不二的。反之,如果一个企业藐视员工,只把员工当作赚钱的工具,那么员工永远不会有忠诚之心。

来自企业的重用。每位员工的内心深处,都希望能够得到企业的认可和鼓励,能够得到老板的赏识和重用。企业里得到重用的员工,会萌生感恩之心,忠于职守,忠于企业。

来自企业的关爱。员工与企业之间,并非赤裸裸的利益关系,而应该具有更丰富多彩的内容。企业对员工从工作上的支持,到生活上的关心,再到家庭上的帮助。在企业管理工作中的人性化关怀更能俘获员工的"忠诚"。

来自企业的理解。一个企业如果能够真正理解员工的所想、所说、所做、所需,尤其能理解员工的苦衷与困难,通过沟通与协调帮助员工解决困惑,员工将会把企业当作"知己者",自然会忠于企业,并为企业做出自己的贡献。

来自企业的待遇。优厚的待遇是吸引员工的磁铁,也是员工安身立命的前提。待遇优厚才能使员工将全部精力投放到本职工作当中,一心一意将本职工作做得更好。

来自企业的信誉。企业的信誉对员工的影响相当重要,良好的信誉会让员工相信企业,依靠企业,献身企业。

来自老板的魅力。老板有魅力,会使员工感觉有奔头、有希望。哪怕是面对困难也无所畏惧,因为员工坚信困难只是暂时的,老板一定有办法带领员工战胜困难,取得成功。员工敬畏有魅力的老板,也会忠于魅力老总所领导的企业。

68. 别让"等"成为遗憾

人生中有很多事,是不能等的。珍惜眼前,把握当下,开心地活,轻松地过,才是你一生最重要的事情。

[诠释]

人这一生,最常做的事就是等。等有钱了、等有空了、等将来、等以后、等下次……等来等去,留下的是遗憾,错过的是真情。等健康没有了,才想起爱惜身体;等机会没有了,才想起一定努力;等感情没有了,才想起倍加珍惜。

有的人的生活好像一直在"等"。等孩子毕业了,我就省心了;等孩子工作了,我就放心了;等孩子结婚了,我就安心了;等孩子立业了,我就享福了。往往等着等着,福没享到,人已老矣。

人生中很多事,是不能等的。健康不能等,身体一旦垮了,拥有的一切就没意义了;教育不能等,幼苗一旦歪了,学坏以后再纠正就难了;孝心不能等,父母一旦离世,想孝敬也找不到机会了;感情不能等,爱人一旦心寒,想挽回也找不到曾经了;贫穷现状不能等,习惯一旦养成,再想改变也懒得努力了。

不要再等了。要知道,很多东西,一旦没有了,就再也找不到了。很多感情,一旦错过了,就再也回不来了。要知道,最宝贵的东西只有一次:只有一次人生,要好好活着;只有一个身体,要好好保重;只有一颗真心,要好好珍惜。

人活着,千万别等。人生匆匆,生命无常,别因一个"等"字,遗憾终生。珍惜眼前,把握当下,开心地活,轻松地过,才是你一生最重要的事情。

69. 境界无上限,道德有底线

> 做人,并非境界必须要达到最高,但是一定要有道德底线。做到"心中有畏"和"心中有戒",就可以守住底线。

[诠释]

有人说,人生有三种境界:平凡,超凡脱俗,返璞归真后的淡然。也有人说,人生境界有四个等级,依次是自然境界、功利境界、道德境界、天地境界。境界是可以无限提升的,越往上走,看到的天地越宽,风景越美。正因为境界无上限,故不要心胸狭隘、故步自封,也不要沾沾自喜、目空一切,要懂得"人外有人,天外有天"。要做到:有事心不乱,无事心不空;大事心不畏,小事心不慢。

做人必须要有自己的底线。一个人,若没有了道德底线,就什么坏事都敢干。坏事做多了,害人害己。古训说:"不是不报,时候未到。"一个人毫无底线,为所欲为,就算能一时呼风唤雨,终会受到法律的制裁。时刻提醒自己:人在做,天在看。无论出于什么动机,都不要急功近利、不择手段。

境界,只能要求自己有,不能强求他人也有。底线,却是每个人都不能缺失的,因为底线是道德基础,是做人根本。无底线,则无敬畏;无敬畏,则无禁忌。做人,并非境界必须要达到最高,但是一定要有道德底线。做到"心中有畏"和"心中有戒",就可以守住底线。

70. 凡事提前几分钟

凡事提前几分钟,是一种习惯,能让我们凡事都做好准备,不至于太慌乱;是一种心态,能让我们遇事时从容应对,不至于太忙乱;更是一种态度,能让人感受到你的用心和真诚,体现出你对人对事的重视和尊重。

[诠释]

"凡事预则立,不预则废。"生活中,无论做任何事,早些做准备,不仅可以减少许多烦恼和麻烦,还可以更合理有效地利用时间。

在公司里,早到几分钟的员工总比迟到几分钟的员工更优秀。这是因为,早到几分钟的员工,可以提前梳理当天的安排和任务,做到心中有条理;晚到几分钟的员工,总处于手忙脚乱之中,不仅工作效率低,而且出错的概率也更大。

在职场上,早到几分钟的人对待工作往往更加积极主动,而晚到几分钟的人却常有拖延懈怠的情绪。一个人能力欠佳,可以通过良好的工作态度去弥补;若一个人实力很强却很懒散,也不会有傲人的工作成绩。俗语云,机会总是留给有准备的人。那些看似比你优秀的人,可能并没有多厉害,不过是赢在了微小的细节处。比如:凡事比你早一步,日积月累,也就成了你无法企及的高手。

凡事提前几分钟,本质上是一种未雨绸缪、居安思危的处世方式。当你觉得赶车很挤,担心上班迟到,你是否想过早几分钟出门,避开让人压抑的车流高峰期;当你总担心无法及时完成既定(或突发)的工作任务,你是否想过把事情往前赶一点,就不必为此惶惶不安;当你害怕耽误想要见的人、想要谈的事,你是否想过提前做准备,多留一些余地给自己,避免许多不必要的麻烦。

凡事提前几分钟,是一种习惯,能让我们做好准备,不至于太慌乱;凡事提前几分钟,是一种心态,能让我们遇事时从容应对,不至于太忙乱;凡事提前几分钟,更是一种态度,能让人感受到你的用心和真诚,体现出你对人对事的重视和尊重。如果你想要优化生活的秩序,更好地把握机会,不妨凡事提前几分钟。

71. 太闲,会毁掉一个正常的人

> 人不能闲下来。忙碌的人,总是充满活力,快乐自信。让自己忙起来,其实就是让自己变得更好、更优秀。

[诠释]

一个人有空闲,是福气;但太闲,就不一定是福气,说不定会是灾难。空闲久了,才会知道,闲得发慌多么可怕,闲得无聊多么遭罪,闲得寂寞多么空虚。因为太闲,就会有很多时间去胡思乱想,去患得患失,去纠结不清,在剪不断、理还乱的莫名情绪里迷失自己。

有人说,想废掉一个人,就让他闲着,闲着,再闲着。一个人太闲,容易失去奋斗目标,容易丧失前行的动力,在闲散中慢慢废掉自己。人不能闲下来,给自己找一点事情做,生活才会更有意义。一个人,有事可做,就有了努力的动力和拼搏的希望。让自己忙起来,其实就是让自己变得更好。

常言道,身体和心灵总有一个在路上。用心生活,用身体去行动,放弃安逸的闲暇生活,丢弃闲散的胡思乱想,让自己忙碌起来,让自己更加快乐。

72. 化解心里烦恼,得靠自己

> 别放弃,坚持就有希望;别失望,机会还会有的;别担心,一切都会好的;别害怕,天不会塌下来;别后悔,谁都会做错事;别生气,学会宽宏大量。

[诠释]

遇到困难和烦心的事情,多听听他人的劝告,有好处。想要真正化解心中的烦恼,还得靠自己。心烦时不妨读读诗、看看词,对调整心态或许有所帮助。

别放弃,坚持就有希望。人生最遗憾的,莫过于轻易地放弃了不该放弃的。伟人之所以伟大,是因为他与别人共处逆境时,别人失去了信心,他却下决心实现自己的目标。希望总是出现在绝望之时。

别失望,机会还会有的。一个人最大的破产是绝望,最大的资产是希望。创造机会的人是勇者,等待机会的人是愚者。如果天上真的会掉"馅饼",那也只会掉在把头昂起来的人嘴里。

别担心,一切都会好的。社会对每个人都是公平的,它在关上一扇门的同时,必定会打开一扇窗。相信你自己,大千世界总有属于你的角落。拥有积极乐观的态度,是解决和战胜任何困难的第一步。

别害怕,天不会塌下来。勇敢地、执着地去做"让你害怕的事",害怕自会消失。人生就像"碰钉子",碰一回钉子,就会长一分见识,增一分阅历。

别后悔,谁都会做错事。世上没有永不犯错的人,做错事,别后悔。后悔,是一种耗费精神的情绪,是比损失更大的损失,是比错误更大的错误。对待事情,要勇敢地去做,不要害怕出错。

别生气,学会宽宏大量。生气,是拿别人的错误惩罚自己。忍一时风平浪静,退一步海阔天空。好脾气,是人在社交中所能穿着的最佳服饰;宽容,是人与人相互理解和信任的桥梁。乐观的心态,来自宽容,来自大度,来自善解人意,来自与世无争。生活中总会有伤害你的人,你千万别生气。

73. 允许自己暂时慢下来

> 慢,是一种心态,也是一种智慧。懂得适时慢下来的人,自会态度从容、扎扎实实地走好每一步。其实,慢也不会真的"慢"到哪里去。

[诠释]

在这个快节奏的时代,我们似乎习惯了加快脚步向前冲。殊不知,当我们的工作与生活高速运转时,身体也在承受着巨大的压力,一旦压力达到极限,势必会反噬我们的健康。快节奏,看似得到了许多,其实失去的也多。允许自己暂时慢下来,张弛有度,养精蓄锐,才能轻装上阵。允许自己暂时慢下来,不急不忙,从容淡定,才能稳步向前。

其实,生活中的很多压力,都来自于"心太急"。着急出成绩,着急看到回报,着急比别人强。可越是急功近利,就越容易心浮气躁。就好像我们在着急赶路时,更多的是追求一种速度,往往会忽略过程中需要精益求精的细节,甚至会因走得太急而忘了我们的"初心"。

快,本身没有错,错的是我们对"快"的理解。你若仅仅把"快"当成一种速度,而不讲质量的话,那么越快越糟糕。正如古语云:欲速则不达。很多时候,给自己一个缓冲的时间,调整好自己的状态再继续前进,效果会更佳。

慢,是一种心态,也是一种智慧。懂得适时慢下来的人,自会态度从容、扎扎实实地走好每一步。其实,慢也不会真的"慢"到哪里去。

74. 工作效率飙升的"三大秘诀"

工作效率飙升的三大秘诀：立刻做，系统做，享受做。

[诠释]

如何做到"立刻做"。一要坚持两分钟原则：凡是两分钟内就可以完成的事，立刻去做，不要犹豫。二要坚持五分钟原则：工作前，给自己一个五分钟的高度集中精力的时刻，有利于迅速进入工作状态。三要随时记录。养成随时记录的习惯，有些灵感，有些想法，只有记录下来，才会有实现的可能。为了避免遗忘，请将你的即时灵感、想法、思路记录下来。四要经常充电。多学习知识，尤其是专业知识。只有不断地学习知识、更新知识体系，才能提高工作中的应对能力，才能更有效地解决工作中的难题，才能比别人更优秀。五要提高时间意识。时间就是效率。我们不能浪费时间，浪费生命。工作时，一定要有时间意识，消耗时间就是在消耗生命。

如何做到"系统做"。一要学会做计划。学会做年度大事件计划、月度计划、周计划，最好每天做个晨间计划，一分钟就能搞定高效率的一整天。按照计划走，才有方向感。二要学会做总结。每天给自己一个独处的时间，思考自己的言与行、得与失。完成一个大的项目或者事件时，要做一个系统的总结，为再遇到同样的事情打基础。

如何做到"享受做"。一要学会舒适。工作中用到的鼠标、键盘、手机、背包等物品，尽量选择最舒适的、最喜欢的。二要学会放松。人常说，不会休息的人不会工作。不要一味埋头工作，人的体能是有限的，超负荷的工作只会降低工作效率。当你感觉有点累了，适当放松一下自己，让身心达到最佳状态，再继续努力工作。三要加强锻炼。只有你的身体健康，才能全身心地投入工作，才能有精力应对工作中的种种困难。无论工作周期多紧，一定要抽时间锻炼身体。可以在清晨跑步半小时，可以选择徒步上下班，也可以在周末打打球、

游游泳等。

75. 赚钱的"四层境界"

> 第一层境界——打工者：同一份时间，出售一次。
> 第二层境界——成长者：同一份时间，出售两次。
> 第三层境界——创造者：同一份时间，出售多次。
> 第四层境界——资本者：用钱反复买别人的时间。

[诠释]

第一层境界的人，谓之打工者。所谓打工者，就是单纯地出售自己的时间，换取老板的工资。具有典型打工者思维：我是给老板打工的，老板让干啥就干啥。第一层境界的人更关心老板给多少工资，年底奖金有多少，明年会不会加薪。所以，打工者会在自己的岗位上，不断提高自己单位时间所创造的价值，以便换取更高的工资。

第二层境界的人，谓之成长者。所谓成长者，就是把同一份时间出售两次，一次出售给老板，一次出售给自己。成长者所考虑的是，让自己变得更值钱，所以他们是给自己打工的，给老板打工只是顺带的事。对成长者来说，工资并不是他们考虑的第一选项，他们更在意所做的工作能不能给自己带来知识、经验、技能的积累，进而产生复利效应，在未来产生更大的收获。所以，投资你的成长，是在投资你的未来。

第三层境界的人，谓之创造者。所谓创造者，就是把同一份时间出售很多次。如果说，打工者是给老板打工，成长者是一半给自己打工一半给老板打工，创造者就完全是给自己打工。一个人要想做创造者有三个步骤：首先，你能创造独特的价值，被他人需要，而且是一次创造，终身受益；其次，你能被很多人需要；最后，你能找到需要你的人。

第四层境界的人，谓之资本者。所谓资本者，就是用金钱购买别人的时间，让别人创造价值，再将创造的价值出售。资本者有两种典型的人群——老板和投资人。老板购买员工的时间,创造产品或服务,然后再出售;投资人购买的则是老板的时间。处在这个境界的人,赚钱的手段就是用金钱购买时间。

一个人只有成长了,才能创造更大的价值,才能被更多人需要,才能赚到更多的钱。赚钱只是表象,成长才是根本。

76. 人生"四大目标"

人生"四大目标":拥有一份稳定的收入,拥有一个温暖的家庭,拥有一个健康的身心,拥有良好的人际关系。

[诠释]

拥有一份稳定的收入。这是给自己和家人最基本的生活保障。一个人,只有拥有了稳定的收入,才能挺直脊梁骨。不用依靠别人,风雨人生自己扛。

拥有一个温暖的家庭。家,是一个人不可缺少的部分,是最温暖的港湾。人世间因为有了家,才有了无与伦比的幸福,才有了人间真情。家,永远是令人向往的地方,因为那里有我们的亲人,有我们渴望的温暖和爱。

拥有一个健康的身心。生活中,好的心态会给人带来幸运和福气,健康的身体会给人以干劲和底气,更是人生的关键所在。一个人,拥有了健康的身体,才有能力和精力去拥有自己的财力,去经营自己的家庭,去关爱身边的亲人和朋友。一个人,拥有一个健康的身心,比什么都重要。

拥有良好的人际关系。人生在世,拥有良好的人际关系尤为重要。当你懂得和身边的邻居、同事、客户友好往来时,你就懂得了生活的滋味。

77. 成功离不开"四种人"

> 高人的指点,能帮你找到方向;
> 贵人的相助,能助你克服困难;
> 家人的支持,能使你全力以赴;
> 对手的竞争,能促你奋勇向前。

[诠释]

要做成大事,其成功离不开四种人:高人、贵人、家人和对手。

高人开悟。每个成功的人,都经历过高人的开悟与指路。解决人的智慧、觉悟和方向等问题的关键是,需要高人指点。在一个人的成长过程中,高人的开悟是最为关键的一步。

贵人相助。一个人在成长和追求成功的过程中,总会出现若干个拐点或低谷。这时,若能得到贵人相助,就容易走出人生困境。

家人支持。每一个成功的男人背后,都有一个杰出的女性为之默默奉献;每一个成功的女人背后,也都有一个杰出的男性为之修筑港湾。家人的大力支持,能让你的心灵得以休憩,能让你的精神得以强大。

对手助力。一个人若没有对手,就会缺乏不断创造与开拓的斗志。很显然,我们成就事业的一路上,就是因为战胜了一个又一个强大的对手,在与对手竞争的过程中激励和鼓舞自己,让自己的事业不断发展。

能成就大事的优秀人才,总会在奋斗的过程中,珍视这四种人,感恩这四种人。

78. 成功人士的"五大特征"

工作能力强的人,一定是靠谱、专注、大气、自律、自信的人。

[诠释]

靠谱。工作能力强的人没有"将就"二字,追求卓越已成为本能。小到一个标点符号的错误,大到一个要点的不完美,都要一一更正。他们从不轻易承诺,一旦承诺,即使条件不允许,也要创造条件,力图做到让自己满意,让他人满意,甚至效果远远超过他人对此事的期望。因此,在他人眼里,事业成功的人是"靠谱"的代名词。只因他们说话算话,能够为自己的言行负责。

专注。工作能力强的人,知道如何拒绝分心,拒绝外界干扰,也知道如何将时间和精力投入对工作的专注思考中。

大气。工作能力强的人,舍得自我投资。他舍得花精力,去创造一个适合深度工作的环境;他舍得花时间,去提升工作能力的相关技能;他舍得花金钱,为更高效工作而读书学习。他懂得一时的投入会带来一生的收益,不会因为"贵"而放弃学习的机会。他也不会为鸡毛蒜皮的小事而斤斤计较,因为他清楚人生还有更多大事在等待着他完成。

自律。自律包含两个方面。一是自律意味着自控力。自律的人,懂得拒绝不良习惯,上下班从不迟到早退,做事干练有力,备受领导喜爱。自律的人,懂得维持良好的体态,懂得给人以清爽精致的印象,从不蓬头垢面就进入工作场所。二是自律的人自我驱动能力极强。在工作中,他们永远积极主动,善于寻求问题的解决方案,而不是停下来等待老板的指令,也不会将责任推给他人。

自信。"自信,成功的第一秘诀。"想要成功,首先要相信自己,这样成功才会敲开你的大门。自信是一种勇气,无论外界环境是鼓励还是指责,自信的人都能给予自己力量,来战胜困难。能够真正干出一番大事业的人,往往也是自信心很强的人,只因他们知道自己将来必会成功。正因如此,成功路上的坎坷崎岖,对他们来说,就是一路不一样的风景。

79. 五种人可共谋大业

> 一个人想要成就一番大事业,必定离不开身边人的帮助。谋略之人,创新之人,中坚之人,正直之人,忠诚之人,就是你成就大事业的最佳人选。

[诠释]

一个人想要成就一番大事业,必定离不开谋略之人、创新之人、中坚之人、正直之人、忠诚之人的帮助。

谋略之人。想要成就事业,万万少不了运筹帷幄之人。他们决定了你事业成败的关键,他们更是不可多得的人才。谋略之人,往往眼光长远,拥有大智慧,能准确地发现市场动向,能助你做出最佳的决策。

创新之人。想要成就事业,往往需要走进攻路线,而非防守路线。所以,创新型人才和管理者的配合度最高。创新之人,敢于尝试,擅于尝试,会助你率先进入新的行业,会让你在竞争中赢得先机。

中坚之人。想要成就事业,离不开团队中每个人的配合和默契,更离不开技术过关、扎实做事的得力干将。他们是团队的中坚力量,是业务骨干,是将你的想法转化成现实的人。中坚之人,常常都是埋头苦干、任劳任怨,能解决大大小小实际问题的人。

正直之人。正直之人,能助你把控好前进的方向,让你不会偏离轨道,误入歧途。同时,正直之人,对人对事公正无私,不会以利益为先,没有那么多的"小九九"。能多听取正直之人的意见,是一桩幸事。

忠诚之人。忠诚之人,不一定有多么高超的能力,也并非有非常过硬的技术。忠诚,是他难能可贵的品质。你不用担心他因个人的利益而出卖你,也不用操心他因一时的失意而离开你。忠诚之人,会在最需要的时候追随你,会在最困难的时候陪伴你,是你坚实的后盾。成功路上,有这种人相伴,很踏实。

80. 成大事者,要有"六性"

成大事者,不可无"性",即要有人性、德性、悟性、韧性、血性、记性。

[诠释]

要有人性。人性,即人的本性,也就是人的本能,是人和动物最本质的区别。人性是支配人的行动的最大推动力。世事变迁,沧海桑田,不变的只有人性。当你遇到难办的事情时,不妨多从人性的角度去思考解决之道。

要有德性。德性,是做人的根本。有德之人,必受人敬。德性,决定一个人未来的成就。

要有悟性。悟性,是一个人对事物的理解力和认识的能力。不同的人,可能会遭遇相同的经历,但经历过后,得到的却是截然不同的人生,其差别就在于不同的人对经历不同的感悟。

要有韧性。韧性,即一种能够从痛苦的经历中恢复甚至获得力量和成长的能力。巴顿将军曾说过:"衡量一个人成功的标志,不是看他登到顶峰的高度,而是看他跌到低谷的反弹力。"

要有血性。血性,即忠义赤诚的性格,是做人的准则,也是做人的品质。有血性的人,有激情,有担当,有作为。

要有记性。记性,即记忆能力。俗话说:"吃一堑,长一智。"善于从历史经验中总结教训,提高记性,是一个人少走弯路的捷径。

81. 人生需要六面镜子

> 一个人需要通过望远镜、放大镜、显微镜、哈哈镜、墨镜去看待世界,同时也需要通过平面镜坦然接受世界的原貌。

[诠释]

望远镜——登高才能望远。一个人站得高,才能看得远;看得远,才能知道未来的路怎么走。一个拥有望远镜的人,就拥有着永不低沉的热情,拥有着拨开迷雾见晴天的能力,拥有着规划未来的心智。

放大镜——放大人的胸怀。俗话说,能容人,才能聚人;能聚人,才能成事。如果一个人胸怀不够宽广,理想不够远大,就不能获得与之匹配的智力与能力。

显微镜——做事注重细节。显微镜,可以让人看到细节,做好细节。天下难事必做于易,天下大事必做于细。注重细节,学会较真儿,把平凡的事情做好就是不平凡,把小事汇聚起来就是大事。量变一定会引起质变,细中见精,事业必成。

哈哈镜——人生难得糊涂。人生,清醒并不难,难的是糊涂。活得清醒的人,容易烦恼;活得糊涂的人,容易幸福。清醒的人,往往将世界看得过于真切,往往对事情过于较真,时常自寻烦恼;而糊涂的人,往往糊里糊涂不懂心计,却能觅得人生的大滋味。

墨镜——看淡人情世故。墨镜,进可看淡人世,退可隐藏自己。一副墨镜,给刺目、灼热的现实世界加了一层隔离罩,再刺眼的也会暗淡下来,再看不惯的也会模糊不清。同时,墨镜有恰到好处的遮掩作用,能让自己远离麻烦。

平面镜——坦然接受原貌。看山还是山,看水还是水,是洞察世事后的返璞归真。"人本是人,不必刻意去做人;世本是世,无须精心去处世。"明白了这一点,人也就获得了自然与本真,享有了洒脱与宁静。

82. 一个人靠谱的"八个细节"

一个人靠谱还是不靠谱，主要看八个细节：收到会回复，不占小便宜，约定很守时，说到能做到，嘴上不吹嘘，情绪较稳定，办事有底线，执行力较强。

[诠释]

看一个人靠谱还是不靠谱，就看以下八个细节。

收到会回复。收到会回复，看似是一件很小的事情，却能从细节之处体现一个人是否靠谱。一个会认真回复他人信息的人，一定是一个有礼貌、有责任心、很靠谱的人。

不占小便宜。真正靠谱的人，喜欢慷慨地帮助别人，不问回报。永远不会为了一些蝇头小利处处揩油算计。

约定很守时。守时，代表对约定的重视，对时间的珍视。靠谱之人，首先要守时。他们会把自己的生活和工作按照时间表安排得井井有条，不会白白浪费自己和他人的时间。

说到能做到。不管是对自己还是对他人，靠谱的人在承诺之前，一定会认真考虑清楚，能否给出承诺。若不能承诺，就坦诚解释原因，优雅拒绝他人；若承诺他人，就不计困难，不计个人利益，一定要兑现承诺。

嘴上不吹嘘。靠谱的人，说话谨慎，低调诚恳。踏踏实实做人，实实在在做事。嘴上不吹嘘，有多大的能力说多大的事儿。这样的人，经得起时间的考验。

情绪较稳定。情绪稳定，不仅是一种高级的情商，更是一种靠谱的能力。每个人都会有情绪低落的时候，靠谱的人，不会放任自己沉溺在或悲或怒的情绪里，而会以一种积极向上的态度消化负能量，以饱满的热情对待工作，以和煦的微笑面对同事。

办事有底线。靠谱的人，心里都有一条"红线"，知道哪些事该做，哪些事不该做。他们审时度势，克制贪欲，有所取舍，懂得权衡，

不会逞一时之快,不会为小利损大义。

执行力较强。有较强的执行力,能够处理纷繁复杂的事务,才是靠谱之人的硬核所在。靠谱的人,有能力,有担当,不拖别人的后腿,与之相交,省心又省力。执行力较强的人,会将别人交办的事情处理得非常完美。

83. 自我管理的"八个好习惯"

人生想要达到一定的高度和广度,就要做最好的自己。做最好的自己,就要从养成自我管理的习惯开始。

[诠释]

古希腊哲学家泰勒斯曾说过:"做什么事情最难?管理好自己最难。"想要你的人生达到一定的高度和广度,就要先做好自己,养成自我管理的习惯。

保持微笑。脸上常常挂着微笑的人,大多拥有一颗积极乐观的心。他们充实向上,善待人生,每一个灿烂的笑容都是从心而发的。学会微笑,就学会了一种笑对人生的态度。不管遇到怎样的挫折和困境,都能以从容的气度和宽广的胸襟面对挫折与困境。人生实苦,不妨用微笑给自己加点甜。

少点抱怨。生活是一面镜子,你对它笑,它就对你笑;你对它哭,它就对你哭。遇事看开点,凡事不抱怨。好的心态,能成就美好的未来。不抱怨的人生,自会得到最好的成全。

凡事提前。每一个成功的人都是提前做好准备的人。凡事提前几分钟,虽是一件小事,但它不至于让你的生活或工作手忙脚乱。养成凡事提前几分钟的习惯,一定能让你更接近成功。

保持阅读。阅读,能丰富你的知识,能挖掘你的潜质。坚持每天读书,养成阅读的习惯,久而久之,你会发现,在读书上所花费的任何时间,都会在某个时刻给你意想不到的回报。

投资自己。真正聪明的人,都是懂得投资自己的人。他们懂得

事业有成篇

如何将时间和精力花费在能让自己增值的事情上。比如：学一门语言，懂一门技术，参加一项培训……只要努力提升自己，今日所做的投资，来日都能得到收获。

早点休息。熬夜，是当代中国年轻人生活中普遍存在的现象。长期熬夜不仅会让你内分泌失调、皮肤变差、抵抗力下降，还会让你精神不振、焦虑紧张。早睡早起的道理人人都懂，但真正能做到的人却少之又少。切记身体健康是一切的基础。从现在开始改变自己，养成早睡早起的习惯，做一个不熬夜、不赖床的自律人。

坚持运动。好身体，才是梦想和未来的有力保障。没有时间运动健身的人，迟早要腾出时间去医院看病。不要让忙碌成为你懒惰的借口，因为运动真的花不了你太多的时间。保持运动的习惯，不仅会让你身体健康，精力充沛，还会让你拥有年轻的心态。给自己选择一种运动方式，并坚持下去。

自我反省。失败的人总喜欢从别人身上找原因，所以越来越失败；成功的人总是从自己身上找问题，所以越来越成功。其实，失败并不都是成功之母，只有那些善于从不断的失败中自我反省并寻求解决方法的人，才能将一次次的失败转化为成功。经常自我反省的人，才能更加理性地认识自己，把握机会，创造条件，取得成功。

84. 成功人生"十商"

一个人，要构建成功且幸福的大厦，必须提高德商、智商、情商、逆商、胆商、财商、心商、志商、灵商、健商的智慧和能力。

[诠释]

成功是每个人的梦想。成功，并不会从天上掉下来，而是需要我们通过不断的修炼与积累获得的。不断提高"十商"智慧和能力，追求全面、均衡发展，你就可构建成功且幸福的大厦。

德商，是一个人的道德品质。德商中包含体贴、尊重、容忍、宽恕、忠诚、诚实、负责、平和、幽默、礼貌等美德。俗话说，德行胜于才

能。一个人的德商高,一定会受到信任和尊敬,会有更多成功的机会。朱熹曰:"德者,得也,行道而有得于心者也。"就是告诫我们要以道德来规范自己的行为,修炼自己的身心,才能获得人生的成功。

智商,是表示人智力高低的一种数量指标。智商,可体现出一个人对知识的掌握程度,也可反映出人的观察力、记忆力、思维力、想象力、创造力及分析问题和解决问题的能力。一个人的智商,不是固定不变的,是可通过学习和训练不断开发与增长的。我们要走向成功,就必须不断学习和训练,这是成功的基本条件。

情商,是管理自己的情绪和处理人际关系的能力。面对快节奏的生活、高负荷的工作和复杂的人际关系,一个人若没有较高的情商,将很难获得成功。一个人的情商高,朋友和同事都喜欢同他交往,他总能得到大家的拥护和支持。在职场中,要想获得较快的成长,仅仅埋头工作是不够的,建立良好的人际关系是不可或缺的。

逆商,是指面对逆境承受压力的能力,或承受失败和挫折的能力。"苦难,对于天才是一块垫脚石,对于能干的人是一笔财富。""苦难是人生最好的教育。"这些都告诉我们:一个人只有经历熔炼和磨难,潜力才会激发,视野才会开阔,灵魂才会升华,人生才会成功。正所谓:吃得苦中苦,方为人上人。

胆商,是一个人胆量、胆识、胆略的度量,体现了一种冒险精神。一个人的胆商高,遇事能够把握机会,该出手时就出手。任何时代,没有敢于承担风险的胆略,都成不了大气候。每一位成功人士,都具有非凡胆略和魄力。

财商,是指理财能力,特别是投资收益能力。财商,是一个人需要的能力,也是容易被人们忽略的能力。可见,财商是我们迫切需要培养的一种能力。会理财的人越来越富有,一个关键的原因就是他们具有非凡的投资理财能力。

心商,就是维持心理健康、调适心理压力、保持良好心理状况和活力的能力。现代人渴望成功,而成功越来越取决于一个人的心理状态,取决于一个人的心理健康。从某种意义上来讲,心商的高与低,直接决定你人生的苦乐,主宰你命运的成败。

事业有成篇

志商,指一个人的意志品质水平,包括坚韧性、目的性、果断性、自制力等。一个高志商的人,能为了学习与工作,具有不怕苦累的顽强拼搏精神。志商对一个人的智慧具有重要的影响。人生是小志小成,大志大成。许多人一生平淡,不是因为没有才干,而是缺乏远大志向和清晰的目标。

灵商,就是对事物本质的灵感、顿悟能力和直觉思维能力。成功的人生没有定式,单靠成文的理论是解决不了实际问题的,还需要悟性,需要灵感的闪现。修炼灵商,关键在于不断学习、观察、思考,要敢于大胆地假设,敢于突破传统思维。

健商,是指一个人所具有的健康意识、健康知识和健康能力的反映。健康是人一生最大的财富。有人曾经这样比喻:健康是1,事业、爱情、金钱、家庭、友谊、权力等是1后面的零。虽然光有1的人生是远远不够的,但失去了1(健康),即使后面的0再多,你的人生也是没有任何意义的。幸福的前提是珍惜自己的生命,并努力地去创造事业、爱情、财富、权力等人生价值。

85. 真正干事业人的"十种精神"

真正干事业的人,能忍得住孤独、耐得住寂寞、挺得住痛苦、顶得住压力、挡得住诱惑、经得起折腾、受得起打击、丢得起面子、担得起责任、提得起精神。

[诠释]

忍得住孤独。人生想要获得成功,必须忍得住孤独。为了达成目标,往往在别人休息时,在别人休闲时,我们仍一个人默默地付出。这是非常孤独的,忍得住这样的孤独,终将迎来辉煌的成功。

耐得住寂寞。为了工作,为了事业,为了成功,我们占用了很多自己的休息时间,占用了很多与家人团聚的时间。只有耐得住寂寞的人,才能成就辉煌的业绩。

挺得住痛苦。人生之路没有一帆风顺的,难免会遭遇坎坷,在泪

水与痛苦中不断前行是常情。遭遇坎坷和经历痛苦的我们,不外乎有两种结局:一是萎靡不振;二是更加强大。选择哪一种结局,取决于我们是否能挺得住痛苦。

顶得住压力。大家都知道一个简单的道理,没压力就没有动力。但在遇到压力时,往往很多人会选择逃避和放弃。只有摆正心态,坦然面对压力,才会给我们的成长和发展注入无限动力。

挡得住诱惑。生活中存在着各种各样的诱惑。面对诱惑,如果自身定力不强,诱惑会随时影响并阻碍我们前进的步伐,会让我们迷失前进的方向,陷入短暂的利益旋涡。在诱惑面前,我们要一如既往地坚持自己的原则和理想。

经得起折腾。在我们的发展之路上,充满荆棘,充满坎坷,一次次跌倒,又一次次爬起,泪水与汗水不断地折腾着我们。只有经历过无数次的折腾,才能让我们深刻地体会到生活的真谛。真正干事业的人,在一而再,再而三的折腾后,仍能一如既往地坚持。

受得起打击。面对他人一次又一次的冷嘲热讽,面对客户一次又一次的刁难诽谤,真正干事业的人,仍能保持最初的激情,坚守最初的目标,在不断的打击中成长。

丢得起面子。面子是自己给自己的,不是别人给自己的。一个人,害怕失败,不敢尝试,就很难成功;同样,一个人,害怕丢面子,不敢面对挑战,就很难重新赢得面子。真正干事业的人,都是丢得起面子的人。

担得起责任。在工作中,我们扮演的角色很多,可能是员工,可能是老板,可能是一线工作者,可能是幕后工作者,可能是管理者,可能是领导者……真正干事业的人,都会用实际行动承担起自己的责任。

提得起精神。现今的我们,处在一个快节奏、高效率的时代,难免超负荷工作,连续地加班加点。真正干事业的人,仍能保持饱满的精神状态向自己的目标继续冲刺。

 # 身体健康篇

身体健康篇

86. 活得轻松，老得漂亮

美丽，是一场长跑。它不属于某个年龄阶段，而是整个人生。二十岁活青春，三十岁活韵味，四十岁活智慧，五十岁活坦然，六十岁活轻松。即便七八十岁，也要老得漂亮。到了百岁高龄，也要静守灵魂深处的那份美好。

[诠释]

有人说岁月不饶人，殊不知，比肌肤衰老更可怕的是心灵的衰老。一个人变老是不可避免的，但在变老的路上，有人活得疲惫，老气横秋；有人活得轻松，老得漂亮。老得漂亮的人，都拥有以下特质：

一种坚持美丽的态度。一个人的长相是无法选择的，但这并不影响我们变成一个漂亮的人。美丽和时尚是一种态度，不管多大年龄，我们都要保持优雅的身形，穿着得体，适当装扮。这既是尊重自己，也是尊重他人。

一个修炼气质的爱好。中老年人的漂亮，更多的是来自于气质、修养、学识、良知。这些内在的东西，可以通过兴趣爱好来增补。只要是能陶冶性情、培育人格、滋润心灵的爱好，均可修出漂亮，养出精神。

一种善待自己的心胸。留一些时间给自己，享受每一刻时光。如果你自己都不心疼自己，还指望谁对你好？一个人无论什么时候都应该有一种精神，爱别人，更爱自己，让自己充满爱的光辉。

一种保持健康的运动。人生的 100 分里，健康就是前边的那个 1，没有健康，所做的都是无用功。切不可上半辈子拿命挣钱，下半辈子用钱续命。约上两三位好友，多出去走走。趁着阳光正好，吹吹风，晒晒暖，感受自然的美好与宁静。

一份淡泊名利的清高。一个人到了老年，已经不需要像年轻时候那样去奋勇拼搏了。世界纷纷扰扰，任由青年人去闹腾与摔打。老年人的责任是快乐每一天，享受每一天。

87. 健康无价,且行且珍惜

健康无价,赢得健康,赢得一生。人活着,一定要好好锻炼身体,让自己健康地活着,这是对自己最好的交代。

[诠释]

健康无价,要善待自己。一个人有了健康,才可能拥有一切,没了健康,一切都是浮云。不要因钱财丢了健康,要健康地赚钱,这样活着,才最值得。

生活是自己的,身体也是自己的,要过好自己的日子,锻炼好自己的身体,这是一个人一生中最重要的事。不要把金钱看得太重,不要熬夜,不要生活毫无节制,不要等到身体垮了再去后悔。

健康无价,要厚待自己。健康地活着,是人这辈子最大的福气,有了健康,什么都好办,没了健康,什么都干不成。有些人从不把自己的身体当回事,若是为了生活而努力工作,那还情有可原;若是为了玩游戏熬垮身体,那就得不偿失了。

健康是经不起挥霍的。假若你不把身体当回事,迟早有一天,你的身体会以痛苦和折磨回馈于你。人活着,一定要好好锻炼身体,让自己健康地活着,这是对自己最好的交代。健康地活着,就是一种胜利。赢得健康,赢得一生。

88. 老年人的生活方式

老年人,请学会沉默,请回归平静,请学会弯腰,请继续学习,请保持单纯,请好好打扮,请健忘一点,请学会赞美。

[诠释]

老年人,请学会沉默。生活中,不是所有的是非都能说清楚,在

多说无益的时候,沉默就是最好的解释。

老年人,请回归平静。人到了一定年纪,反而不喜欢喧闹的环境,平静的心态更有利于身体健康。

老年人,请学会弯腰。和子女的意见发生分歧,或与朋友产生语言上的冲突,想开点,放开点,即使弯个腰,道个歉,又有什么关系?

老年人,请继续学习。读书看报、书法绘画、唱歌跳舞、钓鱼打牌……都是我们继续学习的方式。

老年人,请保持单纯。想得太多,反而会让生活复杂化。单纯地活在当下,单纯地感受食物的香味,单纯地体会运动的快乐,单纯地和朋友谈天说地。

老年人,请好好打扮。爱美应该是我们一生的追求,千万不要因为觉得自己年纪大了,就不爱打扮了。要趁着我们现在背还挺得直,腿还走得动,多穿花哨的衣裳,把自己打扮得美美的去看最美的风景,去拍最美的照片。

老年人,请健忘一点。该健忘的就健忘,该粗心的就粗心,该不弄清楚的就不要弄清楚。如果只会牢记不会忘却,只会让我们的生活平添无休止的苦恼。

老年人,请学会赞美。要经常赞美你的朋友,表扬你的儿孙,甚至给陌生人送去一份祝福。当你给他人送出快乐时,你将收获双倍的快乐。

89. 最好的锻炼——动起来

> 小憩片时,让心脏动起来;喝杯热茶,让大脑动起来;伸个懒腰,让肺部动起来;吃点零食,让肠胃动起来;简单运动,让身体动起来;晒晒太阳,让免疫力动起来;发呆5分钟,让精神动起来。

[诠释]

小憩片时,让心脏动起来。小憩是减压神器,能提高灵敏度和工作效率,也更有利于心脏健康。研究发现,一周午睡3次以上、每次

小于 30 分钟的人患心脏病的风险可降低 37%。

喝杯热茶,让大脑动起来。喝水能够让你的大脑提速 14%,有助于保持思维敏捷。炎热天气,喝杯热茶还是清热止渴的法宝,因为热茶能促使毛孔张开,加速汗腺分泌,还可以利尿。

伸个懒腰,让肺部动起来。伸懒腰能增加对心、肺的挤压,增加全身的供氧,还有利于全身肌肉的收缩和呼吸的加深。大脑血流充足了,人自然就感到清醒、舒适。

吃点零食,让肠胃动起来。在两餐之间或餐前吃点零食,既可让你得到身心的放松,还有助于补充营养。建议在上午 10 点或下午 3 点左右给自己来个短暂的"茶歇",酸奶、水果、坚果等都是保持健康的零食选择。

简单运动,让身体动起来。拉拉筋、扭扭腰,或者深蹲、靠墙站立、高抬腿、俯卧撑等都是比较简便易行的运动。还可练一两组瑜伽或太极的动作,时间不必太长,几分钟就能让身体充分放松。

晒晒太阳,让免疫力动起来。上午 10 点或下午 4 点是晒太阳的最佳时间,此时可以散散步,让太阳多晒晒背部、双腿和头顶,有助于钙的吸收、合成,还能提高免疫力。每次宜晒 15~20 分钟。

发呆 5 分钟,让精神动起来。发呆是最简单的减压方式。研究发现,每天适当发呆能将焦虑和抑郁风险降低 25%。

90. 走路,你走对了吗

> 坚持正确走法,身体越走越佳。不改错误走法,身体越走越差。

[诠释]

在生活中,我们最喜爱的运动方式——走路,方法对了,的确对身体健康有帮助。然而,同样是散步锻炼身体,有的人越走越长寿,有的人却走出一身病。为什么呢?

有人爱在马路边走,走路的地方不对;有人爱清晨健步走,走路的时间不对;有人饭后立即就走,走路的时机不对;有人含胸低头快走,走路的姿势不对;有人每天走两万步,走路的步数不对;有人走路前不热身,走路的准备不足;有人空腹下快步走,走路的习惯不对。

只有坚持正确走法,才会功效加倍。

第一,何时走路锻炼最好?下午。早晨6点到中午12点,是心脑血管疾病高发阶段;晚上光线差,容易跌倒或意外受伤。

第二,每天走多少步最好?4 000～7 000步。健康人每天的"走路量"至少4 000步,这个活动量是基本的运动量。要想达到促进健康、预防各种慢性病的作用,每天的活动量要提高到7 000步。

第三,走多久最好?最少30分钟。每天走30～50分钟即可。保证每周健步走的时间累积150分钟以上,才会对健康有益。

第四,在哪里走路最好?公园。走路健身的理想场所是公园,尽量避免在水泥地、柏油路等硬地面上走路。

第五,每一步迈多大最好?步幅按照个人身高来决定,最合理的步幅是身高的45%～50%。

第六,穿什么鞋走路最好?舒服的运动鞋。要合脚,鞋底与地面接触面大,要轻便、避震、防滑,稳定性要好。

91. 忘记年龄,笑对人生

> 无论时光如何飞逝,以开阔的胸怀,平静的心态,抛开世俗,忘记年龄,做最好的自己。过好当下每一天,享受属于自己的那份精彩。

[诠释]

有的人,因一生太短、时光太快而惶惶不安;有的人,因留不住青春、抓不住岁月而郁郁寡欢。却不曾想,纵有千般不愿、万般不甘,我们都将渐渐变老,过去的人和事都只能回首不可回头。岁月无情,与其为时光匆匆而感伤,为俗事过往而懊恼,不如忘记年龄,且行且珍惜,做最好的自己,享有最快乐的人生。

在喧嚣纷繁的社会中,谁都阻止不了时间的流逝,但我们可以选择抛开过往的沉重,任凭岁月匆匆,始终淡定从容地面对现实。要相信,时光带得走青春韶华,却带不走历经风霜之后那份沉淀于内心的丰盈与厚重。在一个人的生命中,不管走到哪一个阶段,都要用心品味其中的悲与喜,欣然接受其中的聚与散。如今,即便岁月无情,心却始终年轻。

人的一生,应该努力活成自己喜欢的样子。无论时光如何飞逝,无论周围的人与事怎样变迁,我们都以开阔的胸怀,平静的心态,去过好当下的每一天,去享受属于自己的那份精彩。生命的意义,其实就是走在自己的路上,做着自己喜欢的事情。不要追求太多的东西,也不要计较岁月的长短,笑着把旅途中的烦恼和挫折当作是走向幸福的铺垫。

这世间,活得快乐的人往往都拥有一颗轻松自在的心,不管走在怎样的旅途上,都无惧岁月,释然洒脱,笑对人生百味。愿我们每个人在岁月的旅程中,都能抛开世俗,忘记年龄,做最好的自己,从容前行。

92. 请远离性格极端的人

> 千万别把一个性格极端的人,请进你的生命里。如果你身边有一个性格极端的人,请一定要敬而远之。

[诠释]

性格极端的人,认为别人的善意是理所当然的,而对别人的恶意却一定要报复回去。他们不尊重别人的想法,不尊重别人的生活方式。他们唯一的想法是:我永远是对的,只要跟我想法不同的,都是错的。

跟性格极端的人相处,只有无休止的辩论、争吵。他们的极端行为,可能会伤害到你。所以,在人际交往中,一定要擦亮眼睛,辨别出那些具有极端性格的人,敬而远之,否则难保他们不会做出疯狂的

身体健康篇

行为。

与人相处,最低级的方式是以自我为中心的偏执;最高级的方式是辩证地处理问题,柔和、平和地尊重别人的与众不同。朋友,如果你是一个性格偏执的人,希望反省一下自己,是不是伤害过别人,请尽力改掉这样的状态,平和、柔和地处理问题比偏执更高级,更有力量。

93. 成年人的独处时光

> 独处能还自己一份清净、一份纯粹。独处,能让自己静下来、沉下来、淡定下来,人生之路就会变得愈加广阔。

[诠释]

太多时刻,需要扮演好社会家庭赋予我们的角色:在单位,你是独当一面的好员工;在家庭,你是父母,是丈夫,是妻子,是儿女。有时,我们感到很累,想有片刻的放松和缓冲。但即便如此,也要一如既往地保持微笑,保持淡定,保持一种昂扬向上的姿态和心态。唯有独处,不用强颜欢笑,不用百般周全,不用去顾及他人的感受和情绪。唯有独处,才能和自己的心灵对话,才能感受到真实的自己。

独处,不是逃避,恰恰是心态和情绪的过渡和调节。如果一个人精神绷得太紧,就很容易情绪失控。独处,可在完全不被打扰的状况下,学会缓一口气,释放一下压力。独处,能让我们停止无意义的消耗和透支,学会适时沉默,还自己一份清净、一份纯粹。

不懂得独处的人,只会活在别人的世界里。懂得独处的人,可有一种暂时与外界隔离开的可能,进行自我疗愈和调整。我们很难抛开外在的一切压力和束缚只为自己而活,不妨偶尔给自己一个独处的机会。在你找不到自我时,在你感到烦事缠身时,在你需要停下来休整时,让自己独处,静下来、沉下来、淡定下来,人生之路或许就会变得愈加广阔。

94. 夕阳无限好,莫怕近黄昏

> 一度夕阳美,美在沉静;二度夕阳美,美在从容;三度夕阳美,美在知足;四度夕阳美,美在明了;五度夕阳美,美在坦然。

[诠释]

有人说,五六十岁年纪的人就与美不沾边了。其实,此时才是最美的年纪,最美不过夕阳红,温馨又从容。

一度夕阳美,美在沉静。夕阳之美,是沉静之美,不矫揉,不造作。生命之美不在年龄,不在青春年少,就如夕阳,一如焕发灼人的美丽和俊秀,让人浅唱低吟。人上了年纪,更喜欢安静,喜欢沉默,经常独自一人坐在那里回味思考,思绪奔驰在历史的时空隧道。

二度夕阳美,美在从容。没有了年少时的轻狂,没有了青年时的浮躁,更没有了争强好胜的冲动。却多了历经风雨磨炼的温厚,多了看透世事风景的从容,多了洞悉世故人生的成熟。回眸几十年走过的路,看见的、听到的、亲历的种种,将世事看淡,就可从容淡定,随遇而安,一切随缘,皆大欢喜。

三度夕阳美,美在知足。人老了,奔波烦恼,已是过去。老年的"慢生活",应有一种幸福的知足感。清晨公园,练练太极,听听剧段,几位老友,互道家常,欢声笑语,悠闲自在。

四度夕阳美,美在明了。物是人非,经历几十年的漂浮,不变的是高山流水,变的是熙攘人群;不变的是季节交替,变的是人情冷暖;不变的是光阴似箭,变的是人情世故。老了明白了,老了轻松了,优哉游哉,何其幸也。

五度夕阳美,美在坦然。傍晚夕阳,五彩云霞,染红天际,恰似那激情燃烧的岁月。夕阳无限好,莫怕近黄昏。我们曾经年轻过,美丽过,现在只要让自己健康快乐地生活,就是对生命的最好回馈。

真正的夕阳美,是鼓舞人心的,是催人奋进的。中老年朋友应齐声赞美夕阳红,振作精神,发挥余热,昂头挺胸,大步奔走在充满希望的大路上。

95. 不和别人比，好好活自己

不和别人比，好好活自己；不和别人比，咋顺心咋过；不和别人比，简单亦快乐。

[诠释]

不和别人比，好好活自己。人上了年岁，不要总把"老"字挂嘴边，一定要记得：我依然年轻，我活力常在。心年轻，岁月不老；有活力，容颜不老。每天带着阳光心情，看看书，喝喝茶，散散步；每周带着怀旧心态，约老友聚聚餐，聊聊天，唱唱歌。让自己的生活微微沸腾，不但快乐，也很有意思。

不和别人比，咋顺心咋过。人上了年岁，咋开心就咋活，咋顺心就咋过。过去的事，不使劲琢磨；未来的路，不惧怕坎坷。缘分不强求，该来的总会来，想走的总要走。在乎我的人，我用心守候；不在乎我的人，我坦然放手。感情我不奢求，爱我的人，我加倍珍惜，不爱我的人，我决不挽留。

不和别人比，简单亦快乐。人上了年岁，不求朋友成群，但求知己几人；不求财富无数，但求够花够用；不求房子多大，但求温暖舒适；不求车子豪华，但求一生平安；不求儿女腾达，但求一家和睦。心，只有一颗，不要装得太多；人，只有一生，不要追逐太累。好好活着最重要，与其皱眉头，不如偷着乐。冬天别嫌冷，夏天别嫌热；有钱别装穷，没钱别摆阔。闲暇养养身，每日找找乐。养个好身体，能吃能喝；留个好心情，有说有笑；有个好老伴，可依可靠。

96. 照顾好自己

在人生的道路上,我们要照顾好自己的健康,照顾好自己的情绪,照顾好自己的生活。

[诠释]

如何做一个成熟的人？不同人的心里,自有不同的答案。无论想要拥有怎样的人生,都离不开善待自己。

首先,照顾好自己的健康。当下,我们最易犯的错误是,只顾奔忙,忘却照顾好自己。真正成熟的人会明白,再忙再累,也勿忘认真吃饭,按时休息,这才是对未来的自己最好的负责。人生是一条很长的路,想走得更远,就必须学会保重好自己的身体。

其次,照顾好自己的情绪。成年人的生活,免不了心情沮丧,免不了遇到挫折。不同的情绪处理方式,会带来截然不同的结果。当负面情绪来袭,需要排解和需要释放,只一味地放任情绪发泄,却不去着手解决问题,看似能解一时之气,实则陷入更糟的处境。正如:"胜人者力,自胜者强。"人最大的敌人,不是别人,而是自己。越是理性聪明的人,越懂得在情绪低潮时安抚好自己。隐忍伤自己,暴怒伤他人,只有学会合理地表达,才能利人又利己。随时把纷乱的情绪整理好,是走向成熟的开始。

再次,照顾好自己的生活。生活就像一面镜子,会映出我们内心最真实的状态。我们所能感受到的好与坏、喜与悲,大多都来自于我们对待生活的态度。生活从不缺少美好,只在于你是否用心去发现它、经营它、照料它。有一种智慧,是在看似寻常的日子里沉下心来,把四季过好,把三餐吃好。这种智慧,是我们所能给自己的最好礼物,更是通往成熟的必经之路。热爱生活的人,拥有从容而美好的人生。人生的道路上,我们要照顾好自己。

97. 好好睡觉，是生活的良药

"药补不如食补，食补不如睡补。"睡得好，胜过一切养生良药。

[诠释]

好好睡觉，是对大脑最好的清洁。睡眠犹如清凉的浪花，会把你脑中的一切混浊荡涤干净。生活不易，三分靠治愈，七分靠自愈。身体最好的自愈能力，就是睡觉。那些糟糕的情绪，会被好好的睡眠悄悄清洁掉。

好好睡觉，是对生活最好的尊重。如今的生活节奏太快，不熬夜，已成为最难的自律。好好睡觉，是成年人最稀缺的奢侈品。善待自己，是对生活的最好尊重。只有睡得好，才能过得好。

好好睡觉，是对自己最好的投资。睡眠是一场革命，比情商更重要的是我们的睡商。睡商好的人，智商、情商更高。一个真正厉害的人，会主动控制好自己的睡眠节奏。懂得好好睡觉，才能赢得人生。

好好睡觉，是治愈百病的良药。科学家发现一个可让人延长寿命的新秘方——睡眠，它能提高你的记忆力，增加你的魅力值；它能不让你感冒和伤风……

身处低谷的时候，睡个好觉，是对自己的一种治愈。

98. 和舒服的人在一起，就是最好的养生

> 和舒服的人在一起，就是最好的养生。你的身体健康，取决于你的心情，而你的心情好坏，往往取决于能否跟身边的人相处舒服。

[诠释]

相处舒服，是因为"三观"相合。人与人之间的磁场，沿着"三观"向外辐射。"三观"相合的人互相吸引，自然而然地聚在一起；而"三观"不合的人相互排斥，说句话都似在翻山越岭，疲惫又心累。相爱看"五官"，相处看"三观"。"三观"相合，才能相处舒服。

相处舒服，是因为彼此懂得。感情里，相遇、相识从来都不是问题，问题是能不能彼此相知，互相懂得。懂，无关风雨晴天，无关时间长短，是两个人相爱至深的最好证明，也是彼此之间经过岁月的沉淀修得的最大福分。人与人之间最舒服的相处，就是欣赏彼此的好，懂得彼此的苦。彼此懂得的两个人，哪怕只是静静地站着，一句话也不说，也足够美好和惬意，足够安逸和舒服。

相处舒服，是因为情绪一致。有句话说：知你冷暖，懂你悲欢的人，才能更好地给你幸福。两个情绪一致的人，你快乐的时候，他为你开心，你悲伤的时候，他替你难过。这样的两个人在一起，即使这世上不存在真正的感同身受，也能让内心得到慰藉，感到舒服。

和舒服的人在一起，是最好的养生。处得舒服，心情愉悦，精神焕发，不依靠补品就能很好地养生；处得不好，内心焦躁，生活看不到希望，日子看不到奔头，对身心是一种摧残。和相处舒服的人在一起，彼此之间不会因"三观"不合而矛盾重重，不会因彼此不懂而冲突不断，更不会因情绪不同而内心凉凉。"摄生之道，大忌嗔怒。"跟相处舒服的人过日子，清净自在，内心安宁，是最好的养生。

99. 人生黄金期:第四个 20 年

60~80岁,是人生第四个20年,金钱、时间与健康三大条件齐备,是享受人生的最好时期,是人生的黄金时代。

[诠释]

人生百年,仅五个20年而已。第一个20年,求学为主;第二个20年,事业为主;第三个20年,养家为主;第四个20年,享乐为主;第五个20年,健康为主。

享受人生的三大条件是金钱、时间与健康。对大多数人而言,唯独第四个20年,三大条件齐备,是享受人生的黄金时期。

然而并非这个年龄段的所有人,都能真正享受到美好人生,还有不少人过得很不如意。这是因为缺少一个重要条件——良好的心态。他们中有的怀念着过去的权位,有的习惯了长期的劳累,有的忙碌着当前的琐事,有的忧虑于未来的日子。总之,心态放不开,就享受不到眼前的黄金人生。金钱、时间与健康是受客观条件限制的,而心态则是主观条件控制的。没人可帮你,只能靠自己调整。

100. 老来要健康,每天唱一唱

心情要舒畅,每天唱一唱;老来要健康,每天唱一唱。

[诠释]

唱歌是一项有节奏的体内按摩。唱偏低音的歌曲,可以使血压安定;唱快节奏的歌曲,可以使身心愉悦;唱拉长音的歌曲,可以缓解外界压力。

唱歌能增强人体的免疫功能,具有抗衰老的功效。任何一位老

人,都能通过唱歌得到益处:坚持唱歌的老人,去医院看病和吃药的次数少。投入地演唱,可活动脸部肌肉,可抗衰老,可维护皮肤弹性,可防止皮肤老化。唱歌会使你身心愉悦,焕发青春。

唱歌能训练神经通路,能增强呼吸功能。无论是儿童、青年人、中年人,还是老年人,歌唱后的情绪都会变好。唱歌与练声,均能扩大肺活量,提高呼吸功能。患有肺气肿的病人在接受唱歌训练后,呼吸也会有所改善。

唱歌,能释放一种名为催产素的荷尔蒙,能增进人与人之间的感情。唱歌,有利于健康,也有利于减肥。唱歌对胃溃疡的治疗能起到辅助作用;唱歌还是一项全身运动,可以锻炼全身肌肉,达到减肥的功效。

大声歌唱可改变一个人的心境和精神面貌。大声歌唱对强迫症、抑郁症的治疗都有好处,是一种特殊的心理疗法。唱歌有助于情感的通畅,情绪的舒缓。在全身心投入唱歌之时,可使你忘却烦恼,心理达到相对平衡。

101. 老年人养生三结合:饮食、运动与情志

饮食、运动和情志三者有机结合,既保养身心,又强身健体。

[诠释]

饮食:一杯茶,三顿饭。一个人的饮食是十分重要的,三顿饭都要营养均衡,荤素搭配。一般来说,有啥吃啥,不挑食。一个原则:再喜欢吃的东西,也不可多吃,再不喜欢吃的东西,只要有营养,也要吃一点。要注意:饮食不宜辛辣刺激,喝水不可太热,也不可太凉,温水最宜。

运动:动动手,动动脚。《易经》里讲"运则生阳",运动是很重要的。过于安逸,身体不活动,会导致经络气血瘀滞不畅。久而久之,生命力会逐渐减弱。

身体健康篇

情志：有爱好，心态好。一个人，喜欢养花种草，兴趣爱好广泛，保持阅读习惯，保持好的心态和好的情志。忘记自己的年龄，管好自己的情绪。养神要"恬淡虚无""无为惧惧，无为欣欣"，要排除不良精神刺激，保持精神情绪的稳定。

102. 女孩子生活中的"四个底线"

> 在女孩子的生活中，一定要保住"四个底线"，即：身体的底线，生活的底线，感情的底线，生命的底线。

[诠释]

在女孩子在生活中，一定要保住"四个底线"。

一是保住身体的底线。没有任何一样东西，值得女孩子用自己的身体去交换，不要为任何事去出卖和伤害自己的身体。女孩子一生最重要的功课，就是学会珍爱自己的身体。身体底线，一定要自己守好。

二是保住生活的底线。只要你肯努力，你一定会通过自己的双手争取到想要的东西。与其让别人打伞，不如自己给自己打伞。作为一个女孩子，一定要有经济独立的能力，要活成自己最喜欢、最欣赏的样子。用独立、自尊、自爱来铺设自己最舒服的生活方式。

三是保住感情的底线。爱情不是一切，没有人值得你去放弃自己。如果一个女孩子在感情中仰视恋人，她就是最卑微、最可怜、最没有自尊的人。如果一个女孩子选择了一份委曲求全的感情，就会让你没了底线失去了防线，越是妥协将就，越是活得心酸难受。因此，爱别人前要先爱自己，不要无底线地委屈牺牲自己，不要把你全身心的爱、灵魂和力量，作为礼物慷慨给予对方。

四是保住生命的底线。生命是条单行道，绝不会有重来的机会。每个人都绝对不能有一丝一毫轻生的想法。一个人的一生，总难免遇到恶人。当遭遇恶人时，如果你没能力和歹徒斗争，就选择舍财保命。因为生命高于一切，没有什么比生命更重要。人的一生中，总难

免遇到伤心事,不管遇到多大的伤心事,都不能选择终结生命。轻生,是解决问题最最愚蠢的选择。希望我们能直面挫折,勇敢地接受人生所有的挑战,做一个乐观向上、永不退缩、不屈不挠的人。

103. 六大长寿行为

> 养成午睡习惯,经常晒晒太阳,居室干净卫生,尽量不吃零食,心情保持愉悦,适当锻炼运动。

[诠释]

长寿,自古以来就是人们一直追求的目标。长寿,不是一蹴而就的,而是多种因素的积累,下列六大行为有助于长寿。

养成午睡习惯。高度紧张的生活节奏,使人力不从心,备感疲惫。午睡,能恢复体力,能消除疲劳。午睡要保持正确的睡姿。将腿部抬高,有助于促进全身的血液循环。睡醒后,需慢慢起身,避免造成脑部供血不足,引起头晕。

经常晒晒太阳。人体所需的维生素 D,大部分都是依靠阳光获得的。体内维生素 D 含量高,能保持细胞的年轻。常晒太阳有助于人体钙、磷的吸收,能增强骨骼功能、预防骨质疏松等。但晒太阳要选择阳光不强烈的时段,以防晒伤。

居室干净卫生。保持居室干净卫生,有助于心情舒畅,有助于身体健康。室内要注意通风换气,保证氧气充足,避免吸入过多的不新鲜空气,导致细菌传染,引起炎症。

尽量不吃零食。保持一日三餐的营养均衡适量,不要吃大量的零食。一方面,零食会增加肠胃的负担,使人体过多地吸收营养,引发肥胖和脂肪堆积。另一方面,零食容易损伤脾胃,不利于身体健康。

心情保持愉悦。老话说,忧则伤身,乐则长寿。心情愉悦对健康和长寿起着关键性作用。精神上的疲劳,会造成身体免疫力下降,容易引发身体疾病。心情愉悦的人,凡事都看好的一面,拥有乐观积极

的心态,往往知足常乐。

适当锻炼运动。适当的运动有助于保持脑力和体力的协调,消除身体疲劳,缓解身体压力,防止身体抵抗力变差,有助于延年益寿。舒缓的运动如瑜伽、太极、慢跑等。剧烈的运动,不仅不利于身体健康,还会造成机体损伤,对健康无益。

104. 解热防暑需过"六关"

养阳关——凉爽干燥,环境舒适;情绪关——控制情绪,心情平和;湿热关——开窗通风,调节湿度;睡眠关——足时睡眠,高质睡眠;饮食关——营养搭配,不宜过饱;健身关——适量运动,适时锻炼。

[诠释]

民间有"小暑大暑,上蒸下煮"的说法。小暑以后,人体出汗多,消耗大,各类健康问题也接踵而来。故要注意补充体力,解热防暑。解热防暑需过"六关":

第一关:养阳关。暑天容易伤气,易导致体力、元气不足,机体功能下降。因出汗过多,水分又得不到及时补充,容易伤津脱液,导致免疫机能下降,疾病往往乘虚而入。对策:夏季,要生活在一个凉爽、干燥、舒适的环境,室温不宜太低。切忌因贪凉而引发各种疾病。

第二关:情绪关。夏日天气炎热,情绪容易激动,易致血压上升,加重心脏负担,心绞痛、心肌梗死、心力衰竭、中风等疾病容易发作。对策:要注意控制情绪,保持平和心情,有意识地调节情绪。

第三关:湿热关。夏日多暑多湿,往往会感到头重脑疼,容易抑郁、倦怠、胸闷、胃口不好。对呼吸系统疾病患者,要多注意保养,防止咳嗽、气管疾病反复发作;对体质湿热患者,手心脚心常伴有发热感,在湿气和热气交相作用下,容易便秘。对策:饮食要清淡,多食用消热利湿食物,如绿豆粥、红小豆粥等。同时,要注意房间湿度的调节,多开窗通风。

第四关:睡眠关。夏天昼长夜短,且夜间温度较高,容易因睡眠不好,导致"阴阳失衡",会加大心血管疾病的发作风险,会提高心绞痛、高血压的发作频率。对策:保证充足的睡眠,维持好身体各项机能的正常运转。

第五关:饮食关。夏日饮食不宜过饱,通常吃到七八分饱就可。一定要注意全面、均衡的营养搭配,多食用低糖、低盐、高碳水化合物、高蛋白食物,尽量少吃辛辣、油炸的食品。对策:适宜夏季食用的新鲜蔬菜有冬瓜、白萝卜、番茄等;宜多食用淡水鱼,少食红肉;可饮菊花茶、苦丁茶、绿豆汤等饮品。

第六关:健身关。夏天出汗多,应减少运动,是夏日健身的一个误区。其实,夏日维持适量的运动,对身体排毒有好处。要注意,切不可在阳光下运动。对策:提倡饭后一小时进行运动,且运动不宜太剧烈。同时,注意多饮水,多排毒,减轻心脏负担。

105. 女孩子出门在外必须牢记十件事

社会上90%以上的意外都是由于疏忽引起的。因此,对女孩子的安全教育,不是说说而已,必须做到实处。

[诠释]

①和陌生人打交道要有防范意识。女孩子出门在外,不吃陌生人提供的食品,要和陌生人保持安全距离。遇到搭讪的陌生人,请立刻找借口离开。和不熟识的人聊天,不要透露个人任何信息。

②不喝离开过自己视线的饮品。和不熟识的人在餐厅用餐时,若需要去洗手间,请注意再次回到餐桌时,要让服务生重新给自己开启未启封的饮品。

③不喝酒也不喝含酒精的饮料。切记在任何情形下,都要守住滴酒不沾的底线,不可破例。

④不单独去娱乐场所娱乐。不要单独和异性朋友去酒吧、迪厅、KTV、网吧等场所娱乐。无论遇到任何紧急情况,都不要晚上单独

外出。

⑤不单独乘坐陌生人的轿车出行。出行时,不要单独乘坐陌生人的轿车,只乘坐公交车或者出租车。单独乘坐出租车时,不要玩手机,要开着导航,要看着路,一旦发现可疑情况,立即报警。

⑥不要和陌生人单独进入一个封闭的空间,如对方的轿车、酒店包房、对方家里等。如果必须进入,要及时告诉家人或朋友,并时刻保持高度警惕。

⑦不要过分相信电子支付,身上必备一定数额的现金。现金数量至少要能够保证从目的地打车回到学校或家庭驻地。

⑧不要接受陌生人的礼品,尤其是异性的礼品。如一定要接受,必须还礼。对频繁送礼的人,不管对方以何种理由送礼,坚决拒绝。

⑨进入家门时要特别注意安全。走近家门之前,要提前准备好开门的钥匙。进家后的第一件事就是关门上锁。无论是在家里还是酒店,睡觉前需仔细检查门窗是否关好。

⑩遇到自己无法抵抗的突发事件,保命是第一要务。只要能保住性命,其他皆可暂时放弃。同时要保持镇定,以便在最佳时机选择逃生或报警。

家庭美满篇

106. 家是温馨的港湾

家,不在于大小,而在于和睦;家,不在于富有,而在于温馨。

[诠释]

有父母在的地方,就是家;有爱人在的地方,就有家。在外的日子,无论是事业有成,还是遇到挫折,家是我们唯一的牵挂。失意时,家人会给予温暖的安慰;得意时,家人会提出善意的提醒。无论以怎样的方式表达,家人给予的都是最真挚的爱。

一个幸福的家庭,要相互包容,相互迁就,才会家和万事兴。爱家,就要把家放心中,让家永远温暖温馨。

家,不在于大小,而在于和睦;家,不在于富有,而在于温馨。只有在家里,才有最爱自己的人;只有在家里,才有自己最爱的人。家,是最温暖的地方,是你永远的港湾,是一个人心里永远照明的灯。

107. 家是一块田,快乐自己种

家是一块田,快乐自己种:种下温柔,收获温暖;种下体谅,收获体贴;种下包容,收获和睦。

[诠释]

一家人在一起,什么最重要?是住着高大华丽的房子吗?是过着豪华奢侈的生活吗?是拥有用之不尽的金钱吗?都不是。一家人在一起,平平安安,和和睦睦,最重要。

把最好的脾气留给家人。生活中,我们常常犯一个错误:对陌生人礼貌客气,对最亲最爱的家人却总是发脾气。家人,才是我们生命中最重要的人,才是这世上我们最应该善待的人。在外面受了委屈,

或者工作上的不顺心,请不要带回家。在回家的路上,请把坏情绪消化掉,在家门口深呼吸三次,把所有的坏情绪留在门外,微笑着开门回家,把最好的情绪留给家人。我们此生最应该做的一件事,就是让爱我们的家人幸福快乐。

体谅家人,遇事不指责。一家人在一起,要学会将心比心,理解和体谅家人的不易,多体贴家人,用温暖为家人驱散寒凉。家庭是讲爱的地方,不是讲是非对错的地方。遇到困难和挫折,应该和家人一起面对,一起解决,而不是无休止地指责抱怨。丈夫在外奔波打拼,妻子应该体谅丈夫的辛苦,而不是指责丈夫挣钱少;妻子全心照顾家庭,丈夫有空应帮妻子做做家务,辅导孩子功课,而不是指责家里乱、孩子成绩差;父母为孩子付出一切,孩子应该孝敬父母,而不是苛责嫌弃父母;父母也应该了解和尊重孩子的想法,不要把自己的想法强加给孩子。家人之间,需要理解和体谅彼此的不易,相互体贴,家庭才会充满爱与温暖。

吵架不过夜。一个家庭里,每个人的脾气不同、喜好不同、习惯不同,天天生活在同一屋檐下,难免会有矛盾摩擦。有时,一些鸡毛蒜皮的小事,如果处理不当,就可能引发家庭冲突。这就告诫人们:有话当面讲,遇事多沟通;有错就认错,没错多包容;吵架不过夜,及时化解清。

家,是我们最应该珍惜的地方;家人,是我们生命中最重要的人。家是一块田,快乐自己种:种下温柔,收获温暖;种下体谅,收获体贴;种下包容,收获和睦。

108. 家庭幸福的品质

健康是一个家的地基,没有它,一切都是空谈;团结是一个家的屋顶,有了它,再大的风雨都能挺过去;界限感是一个家的墙壁,有了它,能让家人彼此相处舒适;家庭成员各司其职是一个家的窗户,有了它,就会将阳光洒满全家。

[诠释]

健康是一个家的地基,没有它,一切都是空谈。每个家庭成员都要保重身体,不光是为了自己,也是为了整个家庭。一个家,没有健康,即使拥有再多的财富,也不会幸福。

常说"家和万事兴"。家人,和和气气,不吵不闹,团结一致,遇到事情不责备,遇到困难紧抱团,家庭成员才有幸福感。团结是一个家的屋顶,有了它,再大的风雨都能挺过去。

家庭成员间要保持界限感。所谓界限感,就是要知道什么是可以的,什么是不可以的。该点头的时候点头,该拒绝的时候拒绝。界限感是一个家的墙壁,有了它,能让家人彼此相处舒适且和谐。

过好自己的人生,让幼有所长,老有所依。每个家庭成员各司其职,干好自己的事,才能"家道正,万事和"。家庭成员的各司其职是一个家的窗户。秉承这一点,就会驱散家里的阴霾,让家里充满温馨。

109. 家庭和睦,再穷都能发家

古训家和万事兴,永远和谐享太平。夫妻互爱又互敬,家庭四季盈春风。爱护家庭安乐窝,待人坦白与忠诚。齐心合力共劳动,如此才能财源增。

[诠释]

一家人,什么最重要?是锦衣玉食的生活吗?是用之不尽的财富吗?都不是。若家人不能和睦相处,就算大富大贵,也如一潭死水;若家庭没有欢声笑语,就算锦衣玉食,也枯燥乏味。

一家人,什么才重要?是健康。不管日子穷富,身体好,比啥都强;不管生活好坏,有健康,比啥都贵。一家人在一起,和和美美,顺顺利利。健康,是家庭幸福的基础。

老人,能体谅孩子的辛苦;孩子,能珍惜父母的付出。我累了,你为我端茶倒水;你病了,我对你悉心照顾。不冷战,不打闹。有意见,及时沟通;有矛盾,早日化解。我对你诚心道歉,你为我退让一步。

一家人,钱多钱少,不重要;房大房小,不重要;车好车坏,不重要。重要的是一家人在一起,齐心协力,把日子过好;和睦相处,把亲情稳固。一家人过日子,有所迁就,有所包容,才会有太平。家是最温暖的地方,因为那里,有自己最爱的人和最爱自己的人。

110. 家庭走向兴旺的三种迹象

和睦,是兴家之魂,让家瑞气满门;孝道,是立家之本,让家万祥云集;勤俭,是持家之道,让家蒸蒸日上。

[诠释]

曾国藩的家训:家运之兴旺,在于和睦、孝道、勤俭。每个人都希望自己的家能够兴旺发达、美满幸福。仔细观察便不难发现,每个家运昌盛的家庭,都离不开三种迹象。

和睦,是兴家之魂。一家人,和睦团结,同甘共苦,家才会越来越温暖,家运才会越来越亨通。和睦,犹如阵阵春风,让家庭四季万事皆兴。

孝道,是立家之本。古语有言,人不孝其亲,不如草与木。一个人如果连父母都不感恩,连做人的基本涵养都失去了,又何谈兴家旺业呢?一个其乐融融、和和美美的家庭,必定离不开"孝"。父母孝敬双亲,儿女看在眼里,记在心中,孝道就如此在一个家庭中传递着。

勤俭,是持家之道。对一个家庭来说,最难的不是发家致富,而是保持家道中兴。家境再富裕优渥,也经不起浪费与挥霍。勤俭,并不意味着过苦日子,而是远离骄奢淫逸,懂得珍惜,知道一切来之不易。勤劳节俭,开源节流,才会给家带来源源不断的物质和精神财富,而非坐吃山空。勤俭是最明智的持家之道。唯有勤俭,才能让家庭财产细水长流。

111. 结婚前必到三个地方看看

> 到对方的家里看看:看对方家人的为人处世和生活方式;到对方的朋友圈看看:看对方朋友的人品性格和文化修养;在旅行途中看看:看对方旅途中的言行举止和处世能力。

[诠释]

在你决定步入婚姻殿堂前,不妨先到以下三个地方看看。

到对方的家里看看。美国家庭治疗大师萨提亚说:"一个人的性格特点、人生三观、精神品格、思维方式、生活习惯,都深受其原生家庭的影响,很多甚至是决定性的影响。"结婚前要多去对方家里走动走动,不仅是看对方的家境,更重要的是考量对方家人的为人处世、生活方式和家庭氛围。如果对方的父母感情不好,家里充斥着争吵和冷漠,那对方的情绪很可能不稳定。反之,如果对方家庭氛围温暖

轻松,父母相爱,对方在这样有爱的环境浸染下,自然也懂得如何爱人,如何经营好自己的小家。诚然,原生家庭带来的影响不是绝对的,但是婚姻大事并非儿戏,所以一旦发现不妥,更要仔细考量,千万别因一时疏忽失足陷落婚姻泥潭。对方的家庭就是他人生的底色,仔细观察对方家人相处的点滴,那里藏着你们未来婚姻的模样。

到对方的朋友圈看看。有人说,了解一个人最快的办法,就是去看看他交往的朋友。一个人的朋友圈,往往能反映出这个人的人品、性格、修养乃至人生成就。想在婚前更全面地了解一个人,不如就从他结交的圈子入手。俗话说得好:"物以类聚,人以群分。"和什么样的人交往,就会变成什么样的人。如果对方的朋友品行不端,自私自利,那对方的人品也好不到哪里去;如果对方的朋友诚恳善良,对待伴侣温柔体贴,恩爱甜蜜,想必你未来的日子也差不到哪里去。假如你打算与对方结婚,趁早加入对方的朋友圈,不仅是"打入敌人内部"侦察"敌情",更是要从对方的朋友身上细心观察出其骨子里的性情和人品。

在旅行途中看看。知乎上有这样一个问题:考验情侣能不能结婚的标准是什么? 点赞最高的回答是:如果两人经历过一次长途旅行回来依旧相爱,那就结婚吧。旅行就像一面镜子,不仅能预见未来几十年的婚姻生活,更能让人看清自己和自己所爱的人的表现。有人说,谈恋爱是和对方的优点在谈,婚后却是要和对方的缺点过日子。如果经历一次长途旅行回来的你们,依旧坚定不移地把对方视作今生唯一,那么在今后的婚姻旅途中,你们也一定会风雨同舟,相濡以沫。

112. 先有好丈夫,才有好妻子

先有好丈夫,才有好妻子。丈夫有多好,妻子就有多好。妻子有多好,家庭就有多幸福。

[诠释]

有人说,一个好妻子,幸福三代人。妻子的快乐,是一个家庭幸

福的前提。男人,都想拥有一个好妻子,却忘了,先有好丈夫,才有好妻子。那么,何谓好丈夫?

让妻子安心的丈夫,才是好丈夫。丈夫懂得妻子的刀子嘴与豆腐心,所以他从来不与妻子计较,总是忍让妻子,包容妻子,心疼妻子。任何时候,丈夫都需要给妻子满满的安全感,让妻子安心放心。

一碗水端平的丈夫,才是好丈夫。真正聪明的男人,懂得在家庭里应该一碗水端平。百善孝为先,孝顺老人无可厚非,但是凡事要讲理,不能事事偏袒家人,委屈妻子。

宠爱妻子的丈夫,才是好丈夫。丈夫宠妻子,不是责任,而是义务。一个丈夫,理应撑起这个家,而想撑起这个家,就必须爱自己的妻子。被丈夫宠爱的妻子,是阳光的,她会把这份温暖,传递给整个家庭。被丈夫关心的妻子,是充满爱的,她会用这份爱,去教育好孩子,孝敬好老人,给丈夫一个美满温馨的环境。

113. 夫妻＝扶起·服气·福气

夫妻,就是"扶起"——互相搀扶。
夫妻,就是"服气"——互相欣赏。
夫妻,就是"福气"——互相知足。

[诠释]

真正的夫妻,不是有着一纸婚书、被法律捆绑在一起的男人和女人。在一起凑合的男人、女人不是真正的夫妻。何谓真正的夫妻?

夫妻,就是"扶起"。男人,是力量的象征,是一家之主。男人,要有个男人的样。男人要爱自己的女人,拒绝外面的诱惑。男人要像山一样坚韧,能挡风遮雨,给女人和孩子一个温暖的家。女人,要上得厅堂,下得厨房;一颗心,掰成两半,丈夫一半,孩子一半。互相"搀扶"的男女双方,才是真正的夫妻:女人跌倒了,男人扶起她;男人受伤了,女人抚慰他。婚姻是一条漫长的路,两个人互相搀扶着才能走远。

夫妻,就是"服气"。真正的夫妻是互相欣赏、互相"服气"的。两个人相识、相恋,就是被对方的某种特质所吸引,正是这种特质促成了两个人的结合,结成夫妻。请牢牢记住对方的这些"闪光点":贤惠、肯干、诚实、善良、漂亮、帅气……去欣赏,去赞美。当然,人不会一成不变,这就需要我们去发现新的闪光点。被赞美的女人,会容光焕发;被赞美的男人,会更加卖力。

夫妻,就是"福气"。有缘相识,有爱结合,把爱的人当成手心里的宝。娶了她,我真有福;嫁给他,我真幸福。夫妻,知足才是有福;婚姻,知足才能幸福。

114. 爱孩子,就要尊重孩子

> 爱孩子,就要尊重孩子。尊重孩子的感受,尊重孩子的兴趣,尊重孩子的选择。

[诠释]

真正爱孩子的父母都明白,爱孩子,就要尊重孩子。尊重孩子的意愿和感受,尊重儿女的选择和决定。高层次的父母都明白,对孩子的尊重、信任和关爱,是引领孩子走向未来的风帆。

尊重孩子的感受。每一个孩子都希望得到父母的认可。得到父母鼓励的孩子,在他们的成长之路上将会变得更加自信。相反,如果打击孩子的自信心,则会让孩子渐渐变得自卑。

尊重孩子的兴趣。作家黄敬茹曾说,兴趣关乎孩子的一生,只要孩子找到了自己的兴趣,就会不断地主动学习相应的知识,这不再是功课,而是本能的需求,愉快的体验。一个孩子对兴趣如此执着,再加上父母的支持,孩子无疑是幸运的,他的未来必然一片光明。

尊重孩子的选择。教育专家杨东平曾说,让每一个孩子的天赋展现出来,是家长的终极使命。人常说"条条大路通北京",并不是所有的孩子都适合读书,通过长期观察,智慧的父母在深思熟虑之后更清楚孩子适合走什么样的路。

115. 孩子玩手机上瘾怎么办

> 若孩子玩手机上瘾,父母要做到:转移孩子的注意力,懂得拒绝孩子,培养孩子的兴趣爱好。

[诠释]

现在,有不少孩子沉迷于手机,玩游戏上瘾而不能自拔。如果孩子对手机已上瘾,家长应该怎么做呢?

第一,转移孩子的注意力。若孩子对玩手机已上瘾,作为家长要给予相应的手段制止。此时,如果强行制止,是不可取的,因为孩子必然会激烈地反抗。最好的方式,是转移孩子的注意力。当孩子想要玩手机时,家长不妨带孩子出去走走,逛逛公园、打打球、跑跑步。做一些孩子感兴趣的事情,来转移孩子想玩手机的欲望。要让孩子明白,除了玩手机以外,其实还有更多好玩的东西,更多有趣的事情。

第二,懂得拒绝孩子。当孩子提出要玩手机时,家长不要立即严词拒绝,可先跟孩子讲讲玩手机的害处。如此一来,孩子自然不会常提玩手机一事。

第三,培养孩子的兴趣爱好。家长如何培养孩子的兴趣与爱好呢?有时间陪伴孩子的家长,可以带孩子多出门,多接触大自然,让孩子对大自然保持一份热爱、一份好奇。没时间陪伴孩子的家长,可以为孩子买一些益智又好玩的玩具,或者买一些有趣的图书,来培养孩子的阅读习惯,使孩子没有空余的时间去玩手机。

116. 再爱孩子,也要让他承受"四种苦"

> 有远见的父母,即使再爱孩子,也舍得让孩子承受独立的苦、读书的苦、成长的苦、生活的苦。

[诠释]

世上没有白吃的苦,今天吃的苦,都铺成了明天走的路。有远见的父母,即使再爱孩子,也舍得让他承受以下四种苦:

独立的苦。清华大学彭凯平教授说:真正的教养不是在温室里栽培植物,而是帮孩子建立完整的人格,教会孩子独自面对世界。父母往往爱子心切,事事替孩子做,处处替孩子想,这本无可厚非,但作为父母的你能养孩子一辈子吗?如果不能,不如放手,教会孩子独立,让他独自面对这个世界。

读书的苦。年少的孩子,总觉得读书是这个世界上最苦的事,但当他走过那个年龄段,才会意识到读书是世上最好走的路。父母作为过来人,在孩子想偷懒的时候,逼他一把;在孩子想放弃的时候,激他一下。总有一天,他会感谢你今天的付出。

成长的苦。本质上,每个人都是相似的,对困难,对苦难,都会本能地抗拒和逃避。但当他们走过那段痛苦的时光,收获新的机遇之后,往往会感谢让自己坚持的父母。可见,在成功的路上,没有捷径和技巧,唯一能够到达终点的秘诀就是——永不放弃,笔直向前。为成长吃的苦,终会蜕变成蝶。

生活的苦。如今的孩子,最缺乏的不是营养品,而是苦头。吃苦不是为了胜过别人,而是为了迎向生命的真实面貌。在苦难中,生命没有任何遮蔽,可以展示其深度、广度与高度。吃过苦的孩子,懂得生活的不易,明白一餐一饭皆来之不易;吃过苦的孩子,更珍惜当下的生活。他们懂得感恩,更能体谅父母的不易,也更加坚韧,更加坚强。

家庭美满篇

117. 孩子将来不孝顺的四个信号

俗话说:"三岁看小,七岁看老。"很多时候,父母只想着怎样让孩子变优秀,却忽略了教导孩子要孝顺。一个孝顺父母的孩子,他的运气一定不会差,未来一定会美好。

[诠释]

很多时候,许多父母只想着让孩子变优秀,却忽略了教导他们要孝顺。如果发现孩子有下面这四种行为,父母就需要及时引导。

顶撞父母。顶撞父母,惹父母生气,是孩子不孝顺最常见的表现。现今,很多家庭只有一两个孩子,父母往往对孩子百依百顺,祖辈也往往很宠很惯他们。一旦偶尔没有满足孩子的要求,他们就会顶撞父母。当孩子顶撞父母时,父母应先反思一下自己,是不是自己真的有做得不好的地方。若真是孩子在耍小性子,父母就要与孩子好好谈一谈,多问问他们为什么不开心,为什么"唱反调"。父母一定要耐心教导他们,让孩子摆正心态。

不懂感恩。在一些家庭里,孩子习惯了接受家人给予的关怀与爱护,会认为家人对自己的爱是天经地义的,却不知道如何去爱家人、去孝顺家人。作为父母,我们应该教育孩子懂得感恩,可从这几点着手:不要为孩子打理一切事务;不要让孩子吃"独食";不要"有求必应",更不要"无求先应",不要让孩子太容易拥有自己想要的东西;给孩子讲一讲自己的艰辛;给孩子做出榜样,给孩子留出"回报"的空间。

霸占东西。父母出于对孩子无私的爱,才心甘情愿地把一切好的东西都给孩子。这样造成很多孩子觉得自己是家里的"小皇帝""小公主",好吃的、好玩的理所当然应该全部归自己才对,所以凡是家里出现的自己喜欢的东西,就一定要独占。这些孩子眼里只有自己,没有他人,包括自己的父母,这哪里算得上是一个孝顺的人呢?

推卸责任。有不少家庭孩子盛气凌人,一点都说不得。很多事

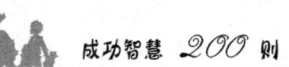

情,明明知道是自己做错了,他愣把责任推得一干二净,还把错怪在家长身上。这类孩子,习惯了以自我为中心,而这一切都是父母的溺爱惯出来的。如果不及时纠正,孩子长大后肯定也好不到哪里去。

118."色悦"父母

> 真心爱父母,应该和颜悦色,从内心深处发出微笑,给父母一个"好脸色",让父母生活得快快乐乐、开开心心。

[诠释]

孔子曾经对他的学生说过,孝敬父母什么最难?是"色难",就是不给父母脸色看最难。"色难"难在何处?难在难有一颗恭敬的心,难在难有一个谦和的态度。如果一个人对父母流露出轻视和不耐烦,其孝心就是不到位的。

有人认为,买房子、请保姆、吃大餐、去旅游,就是孝顺父母。其实,物质上给父母的享用,只是低层面的"孝";而高层面的"孝",应该表现为对父母精神上的敬重和感情上的安慰,即"色悦"父母。

"色悦"父母,就是经常对父母微笑,关心父母的物质生活和精神生活。每天认认真真看着父母的眼睛,跟父母交谈几分钟,不嫌弃,不抱怨。想对父母发脾气时克制一下,始终和颜悦色对待父母,他们就会生活得开开心心。

随时都给父母好脸色,这是举手之劳的事情。好脸色不用花钱去买,不用向谁去借,也不用交学费去学,更不需要花力气。可现实中,不管什么情况下都能做到给父母一个好脸色,又实在是一件不容易的事。其实,每天给父母好脸色,关键是心怀感恩之情,多想想父母的付出和哺育。真心爱父母,应该和颜悦色,从内心深处发出微笑,让他们感到快乐、幸福。

119. 包容父母

做人,一定要爱父母,孝敬父母,尊重父母。一个胸怀大志的人,首先要从容得下自己的父母做起。

[诠释]

我们每个人的父母都不是完人,都有这样或那样的缺点或不足。这些缺点或不足,不足以成为我们不愿意孝顺父母的理由。无论父母如何,我们都要去爱他、孝敬他、尊重他。一个连父母都不肯包容的人,肯定是一位斤斤计较、睚眦必报的"小人"。

一个人选择伴侣时,一定要把是否有孝心放在第一位,看男孩对父母是否有责任感,看女孩对父母是否温顺。如遇到连父母都不包容的人,将来不可能会包容你的缺点,更不可能包容你父母的缺点,这样的人趁早远离。

为人父母的,如果想要孩子拥有幸福和顺利的人生,自己就要好好孝敬年迈的父母。胸怀大志的人,首先要从容得下自己的父母做起,要容得下父母的固执,耐心细致地照顾好父母,这是做人的第一步。

120. 有一种幸福叫父母在

珍惜生命里上有老的日子。这世间,有一种压力,叫作上有老;有一种责任,叫作上有老;有一种幸福,叫作上有老。

[诠释]

父母在,家才是你安魂入梦的地方。回到家里,亲热地叫一声爸爸妈妈,我们才能充分感知一个家的温馨和踏实。家有老人,就意味着这个世界上永恒的亲情还在。

司马迁说:"父母者,人之本也。"父母在,人生尚有来处;父母去,人生只剩归途。父母尚在,也昭示着生命的黄昏离我们还很远,我们的生命还在正午,我们还有许多的时间把梦想变为现实,脚下还有非常灿烂的阳光之路。父母在的地方,就是我们出发的起点,无论岁月如何无情,无论环境如何改变,父母都是我们生命永恒的源泉。

正因父母尚在,我们还可孝敬他们,环绕在他们身边,做一个他们眼里长不大的孩子,感受那份永远不变的父爱母爱。无论在外面遇到多大风雨,家是永远温暖的怀抱。我们已度过少年、青年,进入了中年,但在父母眼里,我们永远是少不更事的孩子,需要关爱。

古人把有年纪的老人称为"祥瑞"。一个人无论多么辛苦和劳累,有父母、有家、有爱,都是幸福的,家是我们幸福的港湾。家有老人,使得家庭更美好。请珍惜生命里上有老的日子。这世间,有一种压力,叫作上有老;有一种责任,叫作上有老;有一种幸福,叫作上有老。家有老人,是一个人一生中最幸福的日子,是人世间赐予自己最美好的一世情缘。

学习进步篇

121. 父母越舍得，孩子越优秀

父母舍得给孩子陪伴，会赋予他一颗博爱之心；
父母舍得对孩子放手，会给予他顽强的生存力；
父母舍得让孩子吃苦，会锻炼他的耐心和意志；
父母舍得为自己投资，会为孩子树立好的榜样。

[诠释]

舍得给孩子陪伴。现在，很多父母天天忙着工作，没时间关心和陪伴孩子是一种常态。有的父母认为：自己辛辛苦苦赚钱，给孩子好的生活环境，让孩子衣食无忧，就是对孩子最好的关心。这恰恰是父母一厢情愿的想法。对孩子来说，能够得到父母的陪伴，能够得到父母的称赞，是无比开心与自信的。无论你有多忙，都不要忽略对孩子的关心和爱护，要多了解孩子内心的想法。

舍得对孩子放手。过分溺爱孩子，包办孩子，这不是真正地爱孩子，而是在害孩子。父母舍得放手，才是对孩子最大的负责。不管你多爱你的孩子，切记不要爱得太满，不要付出得太多。让孩子自己去探索人生，因为他才是自己人生的主宰者。懂得放手的父母，能够培养出有出息的孩子；而迟迟不愿意放手的父母，只能培育出一个巨婴。溺爱不是爱，而是一种伤害。

舍得让孩子吃苦。有的父母，舍不得让孩子吃一丁点苦，生怕孩子受到一点伤害。在这种环境下成长的孩子，将很难在社会上立足，终将会被遇到的困难和挫折打倒。只有父母从小培养孩子吃苦耐劳的精神，带孩子体验人间的温暖与苦楚，他们才能够更好地体谅父母的艰辛，更加善解人意。在面对困难的时候，他们才能够勇敢地迎接挑战，而不是躲在父母的身后，等待父母的保护。你若真的爱自己的孩子，请不要把他放在蜜罐里，而应在适当的时候，让他经历一些风风雨雨。大多数的人生都是先苦后甜的，今天吃的苦就是为了明天的甜。

舍得为自己投资。大多数父母认为,教育好孩子就是多给孩子投资,没必要投资自己。父母要想教出综合能力强的孩子,不仅要舍得为孩子投资,还要舍得为自己投资。著名主持人董卿说过这样一句话:你希望孩子成为什么样的人,你就去做一个什么样的人。活到老,学到老。没有哪位父母敢说自己什么都懂,什么都能做到最好。想让孩子努力成为更好的人,父母也需要为自己投资,努力为自己充电,给孩子树立好榜样。

122. 甭养穷人家的"富二代"

当富人已转变教育方向,开始培养能够更好地适应社会的复合型人才时,穷人却走上了富人教育的老路:无限度地宠溺孩子,只求成绩,不求其他。

[诠释]

人们印象中,常把"富二代"与好吃懒做、挥金如土、不求上进、行为乖张画等号。顾名思义,"富二代"因为家里有钱,父母宠溺,所以不懂事,无责任。随着中国经济的发展,尤其是城市"新中产阶级"的崛起,言正行端、吃苦耐劳的"富二代"越来越多。

相反,现在一些穷人家的孩子却沾染上了以前"富二代"的习气。出现这一怪象的原因是父母的补偿心理,越是家境不好,越觉得不能亏了孩子。宁肯穷了全家,也不能穷了孩子,是他们的教育信念。这种环境下长大的孩子,习惯了伸手讨要,缺乏感恩心理,今天花明天的钱,消费远远超出家庭的能力。这些孩子的责任感差、社交能力差。工作后,就是团队里做事不动脑筋、出了问题就想推卸责任的"小公主""小王子"。

贫富差异,本质上是教育的差异。当富人已转变教育方向,开始培养能够更好地适应社会的复合型人才时,穷人却走上了富人教育的老路:无限度地宠溺孩子,只求成绩,不求其他。结果,富人家的"穷二代"越来越富,而穷人家的"富二代"越来越穷。

教育的差异,会让贫富差异定格,甚至加剧。教育的差异,不是你孩子上哪所学校就能改变的,而是作为父母的你们能否以平常心面对自己的处境,在反思与成长中,不断摸索教育孩子的有效方法。

123."爱孩子"和"立规矩"并不矛盾

爱孩子,是我们的本能;给孩子立规矩,是我们的责任。规矩与爱的统一,才能成就孩子的未来。

[诠释]

"立规矩"和"爱孩子"本就是对立统一的。过度爱孩子的家庭,造成孩子没规矩,不懂礼貌,不尊重他人;过度立规矩的家庭,造成孩子谨小慎微,循规蹈矩。因此,明智的父母在教育孩子上都坚持"三原则,四规矩"。

原则一:有的事,不能惯。被惯坏的孩子有一个特点,就是他们的要求总是被满足。第一次出现问题,大人就妥协,只会为自己和孩子的将来找来更多麻烦。

原则二:有些事情,必须让孩子自己做。有的父母总认为孩子还小,做事磨蹭,有些事先帮孩子办了,以后再培养也来得及。其实,每个年龄段,都有孩子自己能做的事。父母可以根据孩子的能力,告诉孩子什么事情是要他自己做的。让孩子多做一些力所能及的事情,时间久了,他才会在成长中学会自立自强。

原则三:有些责任,必须让孩子自己担。父母要让孩子懂得,必须对自己的行为负责,要尽可能想办法恢复或弥补自己的所作所为带来的后果。父母不能帮孩子逃避,而应该要求孩子为自己的错误言行承担后果,让孩子有面对错误的诚实和勇气。

规矩一:粗野、粗俗的行为不能有。有一类孩子,喜欢采用暴力的手段,强迫别人服从自己的意志;用语言对他人进行攻击、胁迫,来实现自己的愿望。如果你的孩子出现了粗俗的言行,首先,父母要帮

助孩子明辨是非,明确地告知孩子,这是粗野的行为,是文明孩子不能做的;其次,父母要引导孩子,让孩子自己反省,想出更好的办法来处理这样的事情。规矩一能帮助孩子学会如何处理自己的情绪。

规矩二:别人的东西不可以随便拿。有的孩子,往往很难分清自己和他人的东西,更不懂得分辨什么东西是自己的,什么东西是别人的。只要是自己喜欢的东西,孩子就会毫不犹豫地伸手去拿,觉得"拿到我手上就是我的啦"。这种情况下,父母应该有意识地帮助孩子建立自己与他人的界限。让孩子知道不是"我的"东西就是别人的,别人的东西不能拿,而"我的"东西一定归我支配。规矩二能帮助孩子学会如何处理自己的欲望。

规矩三:不可以随意打扰别人。如果发现孩子有这样的坏习惯,父母要在平时生活中有意识地帮他改正,告诉孩子"随便打扰别人是很不礼貌的"。让孩子知道被别人打扰是很不开心的事,然后再给孩子立规矩。规矩三能帮助孩子懂得尊重,不轻易打扰他人。

规矩四:自己做错事要道歉,也有权利要求他人向自己道歉。父母从小就要教育孩子,懂礼貌的孩子做了错事都要道歉。孩子犯错的时候,除了教育他之外,可以要求孩子对自己说一声对不起,如果是父母错怪了孩子,也要向孩子道歉,给孩子树立一个好榜样,跟孩子一起遵守规矩。规矩四能帮助孩子学会礼貌待人,诚实地面对现实,有勇气承认错误。

124. 培养孩子主动学习的能力

> 主动学习是一种积极的学习能力,是孩子最重要、最应具备的能力。不管是在学习中还是在生活中,孩子养成主动学习的能力,真的很重要。

[诠释]

拥有主动学习的能力,不仅对学习成绩大有帮助,更能帮助自己掌握人生的方向。主动学习,效果事半功倍;反之,被动学习,事倍功

学习进步篇

半。主动学习,靠的是孩子的自觉性,真正的学习需要运用头脑,而不仅仅是靠记忆。父母需要做到以下四点,培养孩子主动学习的能力。

第一,以身作则。我们常常说,父母永远是孩子最好的老师。如果父母希望孩子长大后成为什么样的人,最好的方法就是自己首先要变成这样的人。有时候你会发现,并不是孩子不想学好,而是环境影响了孩子。如果你的孩子做不到主动学习,那么你就要认真思考一下自己做到位没有。自己做好了,再去教育、启发孩子。

第二,反问孩子。教育心理学家皮亚杰说:"每告诉孩子一个答案,就剥夺一次他们学习的机会。"孩子在成长过程中会提出很多问题,大部分父母都会直接回答问题,但更好的办法是肯定孩子的提问,然后将问题拆分成小问题再反问回去。孩子会跟着反问回去的问题,进行自我思考,从而达到养成主动学习能力的目的。

第三,减少督促。很多父母一看到孩子沉迷玩耍忘记学习,就会督促孩子赶紧去学习。可是最终会发现,刚开始还会有点效果,孩子乖乖听话学习,但时间久了,孩子就越来越不自觉了。很多孩子的内驱力,都是在父母日复一日的督促中被消磨殆尽的,从而变得拖延懒惰,最后对学习渐渐丧失兴趣。因此,父母一定要减少督促说教,引导孩子懂得为自己负责,明白学习是自己的事,从而培养主动学习的能力。

第四,培养兴趣。人们在学习和工作时,会产生一种愉悦的美好心理体验。如果孩子在学习中,体验到愉悦感受,还需要大人督促吗?这种愉悦的产生,跟兴趣有关。因此,父母可从孩子的兴趣入手,逐渐培养孩子的主动学习能力。

125. 教子智慧

惜时，一生好习惯；自强，无事不可立；自律，律己以正心；行难，实践出真知；成人，腹中有诗书。

[诠释]

惜时，一生好习惯。朱熹诗曰："少年易老学难成，一寸光阴不可轻。"告诫学子：人生易老，学成不易。莎士比亚说："放弃时间的人，时间也会放弃他。"可见，惜时应当成为孩子从小养成的好习惯。一个人如果没有紧迫的时间观念，再好的教育条件也是枉然。

自强，无事不可立。"学问勤中得，萤窗万卷书。三冬今足用，谁笑腹空虚。"汪洙引用车胤的"夏夜囊萤"、孙康的"寒冬映雪"、东方朔的"三冬读史"的励志典故告诫人们，他们虽然出身低微，家境贫苦，却没有阻碍他们成就辉煌的一生。这一切，只因"自强"二字。自强立志，将决定人生的走向。教会孩子立志，倾听孩子梦想，打开孩子眼界，这是任何财富都不可替代的。一个人懂得自强向上不甘低头，才是一生前行的动力源泉。

自律，律己以正心。黄庭坚说："读书欲精不欲博，用心欲专不欲杂。"李开复曾告诉女儿："要对自己严格一点，时间长了，自律便成为一种习惯，你的人格和智慧也会因此变得更加完美。"

行难，实践出真知。陆游诗云："古人学问无遗力，少壮工夫老始成。纸上得来终觉浅，绝知此事要躬行。"荀子说："知之不若行之。"读再多的书，也无法代替亲身实践的价值，对此古人早有精辟的总结：知易行难。相比当下，许多家庭樊笼式教子，孩子大门不出二门不迈，学校里只埋头考试，在家里茶饭手不伸，以至于新闻中频频曝出高学历啃老族。学习和教育，不仅是啃书本，更要走向生活。实践出真知，一个既能饱学书文，又有实践经验的人，才是真正有学问的人。

成人，腹中有诗书。韩愈告诫儿子："人之能为人，由腹有诗书。"

学与不学,不仅是学问的差距,更是为人的差别。能左右一个人未来的决定因素,是他对待学习的态度。古语有云:"腹有诗书气自华。"一位从教三十余年的小学校长说,凡是生活里井然有序,与人谦和友善的,必定是爱学习的;而那些流里流气,言辞粗鄙,动不动破口大骂的,都是不读书的。亚里士多德也认为,教育的根是苦的,但其果实是甜的。作为一名青少年,不吃学习的苦,将来一定要吃生活的苦,吃社会的苦,吃人生的苦。

126. 家庭教育的"无为而治"

> 家教的重点不在培智,而在培志。让孩子志在健康,志在快乐,志在安全,志在勤奋,志在共情。

[诠释]

成才教育靠学校,成人教育靠家庭。家教的重点不在培智,而在培志。让孩子志在健康,志在快乐,志在安全,志在勤奋,志在共情。"无为而治"的家庭教育,并非什么都不做,什么都不管,而是顺应自然,有所为,有所不为。有为时,踏雪迎春;无为时,静待花开。

志在健康。有了好身体,才有好未来。有了好心灵,才有好思想。要让孩子的身心都健康。

志在快乐。要会化解忧愁,消融痛苦,制造快乐。将自己的快乐建立在别人的痛苦上,自己终将痛苦。自己的快乐也给别人带来快乐,才会和谐一方,快乐一生。

志在安全。要有自我保护意识,也要有不危害他人的意识。百年大计,安全第一。有了安全意识,才能走得更长远,幸福更长久。

志在勤奋。再长寿的父母也管不了儿女的一生。具备勤奋品质的孩子,任何时候都有事做,都有饭吃。勤奋加上学有专长,孩子便能活得更加精彩。

志在共情。共情,不仅关乎与人相处之道,更关乎助人、感恩、善良、仁爱等良好品质的形成。不断增长孩子的共情能力,让孩子设身处地体验他人的处境,充分感受和理解他人的情感。

127. 父母是孩子的第一任老师

> 家庭是人生的第一所学校,父母是孩子的第一任老师。

[诠释]

家庭是人生的第一所学校,父母是孩子的第一任老师。所谓家教,不过是父母在孩子心里种下的精神和情感种子,这些种子伴随我们一同成长。在有些家庭里,父母种下的是爱、尊重和独立;而在有些家庭里,种下的则是恐惧、负担或负罪感。

作为父母,不是要阻止孩子犯错误,而是要学会不发脾气。脾气暴躁的父母常常把最亲的人当作情绪的垃圾桶,日复一日倾倒自己的情绪垃圾。要知道坏脾气容易传染,在坏脾气里成长起来的孩子,很容易学会"发泄情绪,复制暴力",却很难学会有效沟通和积极面对。

父母要学会改变自己。亲子关系是生命中一场深厚的缘分。养孩子是为了参与一个生命的成长,是一场心胸和智慧的远行。在和孩子相处的这一路,我们要学会修行,要学会改变,默默守护,静待花开。与其给孩子定个遥不可及的目标,不如鼓励孩子做一个幸福的普通人。

好的父母,不只是给孩子创造一个"无菌"的环境,而是让孩子学会在复杂的环境里自我成长。好的习惯,不是一朝一夕一蹴而就,而是要千锤百炼反复打磨。好的孩子,不是"两耳不闻窗外事,一心只读圣贤书",而是要心如明镜台,时时勤拂拭。

128. 让孩子养成好习惯比什么都重要

养成好习惯，一辈子受用；养成坏习惯，一辈子吃亏。

[诠释]

一个人的习惯，往往是在童年时期养成的。这个时期的孩子，可塑性最强，如果父母坚持培养孩子好的行为与习惯，孩子未来的发展之路会越来越轻松。相反，如果孩子坏的行为与习惯不被父母及时纠正，等父母发觉不对劲时，早已错过了最佳的教育时间。爱自己的孩子，一定要懂得分寸和原则。

坏行为之一：对父母缺乏起码的尊重。父母教育孩子，最失败的结果，是你的孩子越来越不尊重你。有的孩子习惯顶撞父母，父母一说话就表现出不耐烦。很多家庭中，孩子地位越来越高，父母地位却越来越"卑微"。一个不尊重父母的孩子，未来也很难懂得尊重他人。爱和尊重是相互的，为人父母，学会尊重孩子的同时，也要教他尊重父母、尊重他人。

坏行为之二：得不到就耍赖威胁。有的孩子想要得到一件东西时，习惯于用耍脾气威胁父母。若有了第一次的妥协，就会有第二次、第三次……孩子屡试不爽之后，也越来越不把父母的话当一回事。对待哭闹耍脾气的孩子，不要打、不要说、不要走开，只做一件事，就是要静静地陪伴他，等待他。父母的态度对孩子很重要，若不能始终如一地坚持原则，孩子就会有无数种方法让你打破原则。

坏行为之三：沉迷手机无法自拔。沉迷手机的孩子，就好像长出了心魔，听不进任何劝。一个孩子长期沉迷于手机，会表现出注意力不集中，会减少与父母的交流，会变得意志消沉，只顾享受短暂的快乐。最要紧的是很容易暴躁，面对父母的阻止，表现出极端的不配合和抗拒。手机本身并不是毁掉孩子的罪魁祸首，关键在于父母要在孩子很小的时候把好关，懂得控制好时间，做好榜样。

坏行为之四：过度依赖父母。很多孩子在家除了吃饭和学习，其他的事情根本不用自己操心，因为爸妈早就打理好了一切。可换来的结果常常与父母的期望背道而驰，有的孩子缺少责任感，有的孩子过于依赖父母，有的孩子不懂感恩。因此，父母一定要把属于孩子的责任还给他。要知道，我们替孩子走的路，都有可能变成他爬不出的坑。

129. 把孩子培养成积极乐观的人

培养孩子的兴趣爱好，带领孩子感受自然，引导孩子爱上歌唱，注重孩子的体育锻炼。

[诠释]

培养孩子的兴趣爱好。一个人全身心投入一项充满挑战的任务，会给自己带来很大的快乐。培养孩子的兴趣爱好，如集邮、绘画、乐器……能让他投入其中，会让他快乐一生。

带领孩子感受自然。对孩子来说，大自然充满了神奇的力量，无论是雨雪、白云，还是花开、叶落，都可以从中发掘出很多快乐。有时间不妨带着孩子，走进森林和草坪，踏过小溪或河流，听虫鸟鸣叫，嗅花草幽香。

引导孩子爱上歌唱。现代儿童医学研究发现，给生病的孩子听他们喜爱的歌曲，可以减轻他们的疼痛。生活中，我们会发现和孩子一起唱他们喜欢的儿歌时，孩子是很快乐的。

注重孩子的体育锻炼。研究表明：经常参加体育运动，不仅有助于孩子的身体健康，而且有助于孩子的心理健康。健康强壮、体力充沛会给孩子带来良好的自我感觉，让孩子快乐。同时，对孩子来说，跑、跳、游泳、打球等体育运动本身就是十分有趣的活动。

130. 内心强大的孩子出自正能量家庭

> 充满正能量的家庭,才能培养出内心强大的孩子。强大的内心,可支撑孩子站得更高、看得更远。

[诠释]

在充满正能量的家庭,永远是1+1>2或者1+1+1>3。在一个家庭里,主旋律永远是:宽容、信任、鼓励、赞美、趣味、积极向上。生活在这样的环境里,孩子的内心才会充满阳光。一个充满正能量的家庭,才能培养出拥有宽广的眼界和远大的格局的孩子。

充满正能量的家庭,家庭成员都具备好情绪。家庭的和睦温馨给孩子的是快乐与幸福。在爱与温暖沐浴下长大的孩子,遇事处变不惊,豁达乐观,待人接物彬彬有礼。

充满正能量的家庭,父母间感情好恩爱甜蜜。妈妈代表感性,爸爸代表理性,孩子能感受到来自父母的同步的爱,更具安全感。只有父母间感情好恩爱甜蜜,孩子才会把生活重心放在自我成长上,才能发挥出自己的潜能,成就更好的自己,在未来的学习、生活和工作中,才会更加幸福快乐。

充满正能量的家庭,爱都藏于细节,用心感受彼此间的温暖。家是讲爱的地方,在家里不需要计较所谓的得失与利益,用心温暖彼此才能成就一个温馨的家庭。充满正能量的家庭里,没有那么多的争吵、抱怨、指责与贬低,更多的是鼓励与赞美。温柔和煦的语言能让我们内心开出花儿来。

拥有正能量的家庭,存在着包容、理解、欣赏、感恩和尊重。在这样的家庭里,积极向上永远是主旋律。孩子沐浴在这样的氛围中,才能拥有充满阳光的心境,不仅能使自己强大,还能给他人的心灵注入能量。

131. 家庭教育最重要的是立人

教育孩子懂礼貌、守规则、关心人、有主见、敢认错,是家长的首要责任。

[诠释]

鲁迅说:"教育就是要立人。"现如今,成绩好已不再是衡量一个孩子是否优秀的唯一指标。孩子有下列五个表现,说明父母教育得好。

第一,懂礼貌。懂礼貌的孩子,言语得体,行为有分寸,人见人爱。对孩子礼貌教育应做到:父母要做好礼貌待人、与人为善的榜样,孩子才会在潜移默化中学习。父母要教会孩子基本礼貌用语和使用场景,如:见人问好,请求帮忙时多用"请""麻烦"的词汇,受人帮助与恩惠应表达感谢……另外,父母还要教给孩子一些公众场合的礼仪,如:不随意打扰别人,不大声喧哗吵闹……

第二,守规则。一个孩子能否自觉遵守各种规则,是他从家庭顺利进入学校,最终顺利进入社会的重要前提。从3岁开始,家长就应该有意识地教孩子规则。不管是家庭中的规矩,还是学校里的规则、社会上的各项原则,都要耐心跟孩子解释清楚。要明确地告诉孩子什么是正确的行为,什么是错误的行为。再和孩子一起坚定执行,不投机取巧。若孩子违背了原则,一定要给予适当惩罚。

第三,关心人。善良和关心他人,是一堂对孩子非常重要的人生课。懂得关心他人的孩子,内心有爱,有同理心,懂得感恩。在生活中,父母在爱孩子的同时,也要教育孩子爱他人。懂得关爱他人的孩子,将来也会收获更多的关爱。

第四,有主见。从古至今,教育存在一个误区——就是人们喜欢听话的孩子。在生活中,大多数听话的孩子都是缺乏自我意识的,别人说什么、做什么,他也跟着说什么、做什么。有主见的孩子,自我意识强,知道自己想要什么,不想要什么,勇于提出质疑,坚持自我判

断,不会随波逐流。这样的孩子,将来会成就一番事业。因此,父母要允许孩子做他喜欢的事,多给孩子表达意愿的机会,倾听他的想法;多用启发性的提问,引导孩子积极思考;让孩子参与家庭各项事务的讨论,给他锻炼的机会,增强自信心;信任孩子,不过分控制孩子,多让孩子自己做决定并承担相应的后果。

第五,敢认错。敢于承认错误的孩子,是有责任感和是非观的体现。孩子成长过程中难免会犯各种各样的错误,父母要理性看待,不过分苛责孩子。否则,孩子会因害怕被责备而不敢承认,要让孩子明白承认错误不丢脸。此外,父母不能一味地维护孩子,孩子犯错后,应该及时让孩子明白自己错在哪里,如何弥补。教育孩子要勇于承认错误,积极承担因自己行为不当引发的不良结果。

132. 父母的眼界,决定孩子的边界

父母的高度,决定孩子的起点;父母的胸怀,决定孩子的格局;父母的眼界,决定孩子的边界。

[诠释]

父母,是孩子成长道路上的领路人。父母的高度,决定孩子的起点;父母的胸怀,决定孩子的格局;父母的眼界,决定孩子的边界。

最好的教育,是眼界教育。所谓教育,拼的不是财富出身,而是父母的眼界格局。如何看出父母眼界差异?例如:同样是在街上偶遇一乞丐,格局一般的父母会趁机教育孩子:"你要好好学习,不然将来只能像他们一样乞讨为生。"格局高的父母会郑重地告诉孩子:"你要好好学习,将来建立更加完善的社会体系,让这些人得到社会关爱,不致落魄如此。"前一种父母给予孩子现实教育,用残酷的现实激发孩子向上的动力。后一种父母给予孩子眼界教育,鼓励孩子跳出眼前的小圈子,站在更高的角度看问题。做父母的能有如此胸怀,教育出来的孩子必将成为国之栋梁,做人、做事也更有担当。

父母眼界高,孩子飞得高。《战国策》有言:"父母之爱子,则为

之计深远。"父母有什么样的眼界格局,就会给孩子规划什么样的人生。有眼界的父母,能从长远角度考虑,为孩子指明前进的方向。孩子能飞多高,很大程度上取决于父母给他提供的起点。父母有眼界,决定着孩子从一出生就站在同龄人无法企及的高度。好的父母,一定要在眼界和格局上为子女做出表率。

好的教育,短期看成绩,中期看人品,长期看眼界。为人父母,努力开拓自己的眼界,就是为孩子开启一片天。

133. 学生学习的航标灯——学习目标

> 学习目标的确立在于认识自身现状;学习目标的关键在于目标拆分实施;学习目标的实现在于一如既往地坚持行动。

[诠释]

康德说:"没有目标的生活,恰如没有罗盘而航行。"方向明确,是持久稳健前行的前提。学习目标就是学习者的方向。

学习目标的确立在于学习者对自身状况的认识。如:了解自己的学习兴趣、学习动机、学习方法等。如此,才能找到自己的目标,从而激励自己前进。

学习目标的关键在于学习者对目标进行的拆分。现实中,有些学习者谈到自己的梦想或目标时常常神采飞扬,但在实现理想时却虎头蛇尾,这就是平常所说的"思想的巨人,行动的矮子"。为避免好高骛远,学习者在制订目标时一定要脚踏实地。

在制订短期目标时,需要从五个维度对目标进行评估、修正,让目标制订更为合理。第一,明确性目标,应具体、清晰、明确,不是泛泛的大方向。第二,可测量目标,要可以衡量,达成程度能够评估。第三,可实现目标,需具有挑战性,但经过努力能够实现。第四,相关性目标,要具有价值,实现此目标与其他目标相关。第五,时限性目标,要有时间限制,有时间节点,做好时间分配。

学习目标的实现在于一如既往地坚持行动。无论目标大小,都需要学习者依靠行动去完成,只有脚踏实地,才能让梦想变为现实。学习者可将自己的学习目标和行动方案都写下来,贴在一个醒目位置,时刻提醒自己积极行动,以达成目标。

134. 让孩子吃三种"苦"

父母要让孩子学会吃三种"苦":读书的苦,劳动的苦,生活的苦。

[诠释]

可怜天下父母心,世上没有不爱孩子的父母。一味溺爱孩子的家庭会养出"败家子"。玉不琢,不成器。懂得让孩子吃苦,才是父母给予孩子一生的福气。

读书的苦。一个人只有读书,才能聆听哲人智慧,才能见识更大的世界,才能拥有更广阔的胸怀与格局。有的孩子贪玩厌学,不愿意读书,只想着打游戏,父母千万不要听之任之。再爱孩子,也要舍得让他吃读书的苦。让孩子养成读书的习惯,孩子必将受益一生。孩子长大后,会明白曾经为读书吃的苦,是他一辈子的财富。

劳动的苦。勤劳,是一个人立身的根本,也是一个人事业有成的秘诀。现在,很多孩子四体不勤,五谷不分,衣来伸手,饭来张口。父母以爱孩子的名义为孩子包办一切,这不是在爱孩子,而是在害孩子。

生活的苦。孩子的成长过程中,物质越充裕,就越不懂得感恩,越不懂得勤勉。反之,让孩子体验困难与艰辛,将勤俭、努力、奋斗教给孩子,是对孩子最深邃的馈赠。很多家庭条件并不算好的家长,竭尽所能,为孩子提供最优越的物质生活。父母节衣缩食,孩子却用大牌,穿名牌。万事都要有个度,父母的过度"呵护",对孩子来说,无疑是一味"毒药"。

135. "学霸"的学习管理策略

计划管理——有规律;预习管理——争主动;听课管理——重效益;复习管理——讲方法;作业管理——要自律;错题管理——常反思;难题管理——会溯源;考试管理——抓重点。

[诠释]

计划管理——有规律。第一,长计划,短安排。在制订一个长期目标的同时,一定要制订一个短期学习目标,这个目标要切合自己的实际。达到了一个目标后,再制订下一个目标。第二,挤时间,讲效率。要制订较为详细的课后时间安排计划表。做到课后时间充分利用,合理安排,严格遵守,坚持不懈,形成习惯。

预习管理——争主动。读:预习时,用10分钟左右通读教材,记录不理解的内容,明确上课时需要重点听的内容。写:预习时,记录模糊的、有障碍的、思维上的断点。练:预习的最高层次是练习。

听课管理——重效益。听课时,要跟着老师的思维走,要学会抓重点。一要抓公共重点,如定理、公式、单词、句型等;二要抓自己个性化的重点,抓自己预习中的不懂之处。对课上没听懂的知识点,要当堂问懂、研究懂。

复习管理——讲方法。有效复习的核心是做到"想""查""看""写""说"五个字。想:即回想、回忆。意指闭着眼睛回想知识点,在大脑中回放老师讲课的片段。查:意指查找漏缺部分(即模糊和忘记的知识点),对这些知识点进行重新学习。看:即指看课本,看听课笔记。写:随时随地记下重点、难点、漏缺点。说:此处指复述,最好做到当天复述一下自己学的知识。有道是:听明白不是真明白,说明白才是真明白。

作业管理——要自律。做作业要做到"三不"。第一,不计时不做作业。即限时作业,记录做作业的时间。第二,不复习不做作业。先复习所学知识,然后再做作业。第三,不检查不做作业。做完作业

后必须检查一遍。另外,遇到难题,先放过后攻坚。

错题管理——常反思。要准备一个错题本和一个难题本,方便平时复习使用。错题和难题反映着许多知识点的联结,避免了错题和掌控了难题,就一定能取得高分。对自己做过的错题和难题,要隔一段时间复习一次。复习时,最好先自己想一遍,再看本子上的解题步骤。

难题管理——会溯源。一般来说,难题之所以难,多半在于题目所涉及知识点众多,知识点之间的关系错综复杂,思维和方法运用跳跃性大、逻辑性强。因此,对于难题最好用溯源的方法整理。一是查清楚题目所需知识清单,同时辨清知识间的内在联系;二是复原自己考试时的思维路径,查"堵点""歧点";三是借助参考答案探究自身存在的盲点、疑点和漏点。需要隔一段时间,就进行一次难题溯源。

考试管理——抓重点。对于考试,可以通过一张丢分统计表进行管理。不同的科目,按题型填空、选择、计算、问答等项目进行管理。哪些题型丢分啦,哪些知识丢分啦,丢了多少分,让统计表说话。这样,就能弄清楚哪些是审题出了偏差,哪些是运算出了问题,哪些是知识点没学会……记住:把考试中出现的错题抄到错题本上,隔20天再做一遍,尤其是在考前要拿出专门的时间做错题本题目。

136. 学习做人是一辈子的事

> 学习做人是一辈子的事。一个人的一生在不断地学习认错,学习柔和,学习隐忍,学习沟通,学习放下,学习感动,学习生存。

[诠释]

学习认错。人往往不肯认错,凡事都认为自己才是对的。其实不认错就是一个错。认错的对象可以是父母、朋友、社会大众,也可以是儿女、下属。向他人认错,不但不会使你减少什么,反而会显示出你有肚量。学习认错是一场大的修行。

学习柔和。一个人心地柔软了,是人生最大的进步。只有心地柔软,人生才能活得更快乐、更长久。

学习隐忍。忍,就是会处理、会化解矛盾。忍,就是用智慧、用能力让大事化小、小事化无。一个人要生活、要生存,就要学会隐忍。

学习沟通。缺乏沟通,往往会产生是非、争执与误会。人的一生最重要的事,就是要和你身边的人进行有效沟通,要相互了解、相互体谅、相互帮助。

学习放下。人生,就如同一只越装越满的皮箱,我们希望这只皮箱是万能的,想要什么,里面就有什么。当我们负重前行时,应学会放下。只有学会了放下,生活才会轻松。

学习感动。感动是一个人爱心的流露,在人生的岁月里,有很多人物、很多事情、很多话语感动着我们自己。我们也要努力去感动他人。

学习生存。为了生存,我们要维护好自己的身体健康。身体健康不但有利于自身的发展,也是让家人、朋友放心的基本条件。

137. 父母教育孩子最重要的"三件事"

父母教育孩子最重要的三件事,是教育孩子吃饭、吃苦和吃亏。

[诠释]

教育孩子吃饭。让孩子怀着一颗感恩的心来享受每一顿饭。感恩于大自然馈赠给我们的各式各样的食物,感恩于将这些食物做成美味佳肴的厨师,感恩于和我们一起进餐的朋友和家人。感恩的心情,比起拿筷子的方式,比起吃饭的坐姿,更应该不断地传承下去。

教育孩子吃苦。在孩子小的时候,让孩子吃一点苦、遭遇一些困难是好事。如果父母怕孩子吃苦,而承担孩子的责任,虽免掉了孩子的哭闹和纠缠,却剥夺了培养孩子良好品格和发展自我能力的机会。我们总是说现在的孩子不懂事,可是却不知是因我们保护得太好了。要想让孩子从小明事理,就要让孩子为他人着想,体谅父母,懂得珍

惜,懂得体谅。

教育孩子吃亏。吃亏是福,古今亦然。在现实生活中,许多父母认为,孩子太老实会吃亏。因此,许多父母都在教孩子不吃亏的方法,但过于强调不吃亏,孩子不是过于霸道,就是斤斤计较。与人为善,是人格健康发展的前提。作为父母,首先,要让孩子发现周围人和事的美好,尊重爱护一花一草,善待接触的一人一物;其次,不要事事争强好胜,让孩子适当吃点亏,心胸才能更加宽广,让孩子学会站在他人的角度思考问题,用宽容化解矛盾;再次,告诉孩子,霸道是一种愚蠢的行为,只会让自己失去人心。当然,教孩子学会吃亏,并不是让孩子无原则地顺从别人,而是教孩子学会谦让,学会理解和宽容他人,学会以理待人。

138. 这三种孩子,长大后最没出息

爱贪小便宜的孩子、爱推卸责任的孩子和不守规则的孩子,小时候看似机灵,长大后最没出息。

[诠释]

父母在教育孩子的时候,不要只看眼前的利益,更要为孩子的长远利益打算。孩子聪明固然好,但千万不要停留在"小聪明"上。有的孩子,小时候看似机灵,长大后却最没出息。

爱贪小便宜的孩子。喜欢占别人小便宜,却不让别人在自己身上得到一点好处,这样的人注定会被别人疏远和冷落。爱贪小便宜,绝不是一朝一夕养成的,很多人在小时候就已经初露端倪。孩子的很多习惯都源于对大人的模仿,如果父母想培养一个落落大方、广受欢迎的孩子,那么就要给孩子做好表率,不占任何小便宜。

爱推卸责任的孩子。有的孩子犯了错,先想到的不是承认错误、吸取教训,而是推卸责任,将错误推到他人身上。找借口推卸责任,是孩子的本能反应。如果家长没有及时觉察到孩子的这种行为,没有给他承认错误的勇气,那孩子就有可能不愿意为自己的错误承担

责任。长大后,也很难成为一个有担当的人。

不守规则的孩子。孩子不守规则,也许短时间内可以让自己获得利益,但是从长远来看却不是一个明智之举。一个连规则都守不住的人,又凭什么能获得别人的信任呢?

139. 一天中学习的"四个黄金时段"

清晨起床后,加强记忆;上午8点至10点,攻克难题;下午6点至8点,复习归纳;睡前一小时,巩固复习。

[诠释]

何时学习效率最高?生理学家研究发现,一天中大脑有四个时段最为清醒,这四个时段也是学习的高效期。

第一时段:清晨起床后。经过一夜的休息,消除了疲劳,大脑处于新的活动状态。此时,记忆印象最为清晰,适合学一些难记忆的知识,如英语单词、数学公式、语文词句等。有时即使记不住,大声念上几遍,也会有利于记忆。清晨,是最佳的学习记忆时间。

第二时段:上午8点至10点。这一时段,人的精力充沛,大脑容易兴奋,思考状态最佳。这一时段是攻克难题的大好时机,应充分利用。

第三时段:下午6点至8点。这一时段,是用脑的最佳时刻,不少人利用这段时间进行复习归纳,整理笔记。

第四时段:睡前一小时。很多人利用这段时间对知识加深记忆,特别是一些难以记忆的知识点,此时进行复习,不易遗忘。

当然,这是一般性的学习时间规律,不同的学习者,都会有自己独特的学习时间规律和学习习惯。为提高学习效率,我们要善于发现并充分利用好自己独特的最佳学习时间段。

140. 学习习惯养成的"六个步骤"

学习习惯的养成要经历激发动机、明确规范、榜样激励、持久坚持、及时评估、形成环境六个步骤。

[诠释]

激发动机,就是运用各种各样的方法让孩子对于希望养成的习惯产生兴趣甚至志向,使其确信:我需要,我喜欢,我能行。

明确规范,就是引导孩子了解某个良好习惯的重要意义和具体标准。

榜样激励,就是运用榜样和偶像的模范行为激励孩子养成好习惯。其中,首先是要父母和教师以身作则为孩子做表率,其次是要理解和尊重孩子的榜样和偶像。

持久坚持,就是鼓励和引导孩子将良好行为"坚持,坚持,再坚持",由被动到主动再到自动,直至养成良好习惯。

及时评估,就是每一天都评价孩子习惯养成的情况,引导孩子发现自己的进步,排除各种干扰,将良好行为坚持下去。

形成环境,就是为了支持孩子养成良好习惯而优化相关的环境,包括家庭环境、学校环境和社区环境的不断改善等。

141."逼"孩子养成十个好习惯

人的一生,很多习惯都是从幼儿时期养成的。只有从小培养孩子好习惯,才能使孩子终身受益。教育孩子,先从培养好习惯开始。

[诠释]

自己的事,自己去做。人总要自己照顾自己,生活总要自己经

历。因此,父母要培养孩子自己的事自己做的习惯。

凡事及早,不要及晚。许多成年人有"拖延症",事情要到最后关头才匆匆忙忙去做,那是缺少了"及早"的习惯。培养孩子凡事及早不及晚的习惯,可以有充裕的时间应对可能的突发事件,从而养成从容的心态。

参与家务,培养责任。不要总觉得孩子还小,什么活都不能做。让孩子做一些力所能及的家务活,主要是培养孩子的家庭责任感,让孩子明白,他是家庭中的一员,有义务帮家里分担一些责任。

喜欢阅读,博览群书。一定要让孩子大量阅读。不用限定孩子必须看经典名著,先从兴趣入手,让孩子养成阅读习惯。大量阅读的好处有:积累词汇,增强语感,提升写作能力,扩大知识面,提高口头表达能力。一个博览群书、见多识广的孩子,潜力无穷。

学会选择,懂得取舍。从小培养孩子的选择能力和取舍意识,是在培养孩子的一种思考习惯。让孩子在今后人生面临重大选择时,有自己明确的目标。越早有自己目标的人,成功的概率就越大。

规律生活,健康成长。生活有规律是身体健康的因素之一。要帮助孩子养成有规律的生活习惯,比如:每天几点起床,几点吃早饭,几点做作业,几点阅读,几点睡觉。有规律生活的孩子长大后,做任何事都会自觉地制订计划,而且比较有耐力。

学会倾听,乐于助人。父母要告诉孩子耐心倾听他人说话,理解他人。让孩子学会尊重他人的意见,让孩子懂得帮助他人。懂得倾听他人、乐于助人的孩子在人际交往方面,会有超高的人气,会拥有更多的朋友。

错不过二,有错必改。孩子犯错不要紧,但是重复犯错不能原谅。"不过二",是指同样的错误不再犯第二次。要求孩子有错必改的关键是培养孩子自省的习惯,教育孩子要经常反省自己的言行。

敢于尝试,勇于怀疑。世上没有十拿九稳的成功之路,要想成功就得有敢于尝试的勇气。在不确定的环境里,冒险精神是最罕见的资源。鼓励孩子尝试,鼓励孩子怀疑,有利于培养孩子自信自立、敢于担当、独立思考的精神。

控制情绪,不发脾气。不要以为孩子小,想哭就哭,想闹就闹,想发脾气就发脾气,其实,控制自己的情绪是一生的事。孩子要养成调节、控制情绪的习惯。

142. 唯有书香最醉人

> 书籍如同望远镜,让我们看得更远;书籍如同一盏灯,让我们看得更清。

[诠释]

读书,是通往梦想的一个途径。一本好书,能让我们开阔视野,丰富阅历。人的一生,犹如一条没有尽头的漫漫长路,这条路上有我们跋涉的痕迹,是我们每个人一生唯一的轨迹。而在人生的道路上,每个人所见的风景,是有限的,片面的。书籍如同望远镜,书籍如同一盏灯,让我们看得更远,看得更清。

有人说,读书是获取他人已书写好的符号、文字,并加以辨认、理解、分析的过程,有时还伴随着朗读、鉴赏、记忆等。这些符号最常见的是语言文字、音符、密码、图表等,影像也在此列。

阅读,是一种境界。正如古人所云的人文四境:"读熟万卷有益书,行足万里择我路,听遍万人成败言,做够万件无悔事。"

一个人应熟读人生经典书籍,因为读书可改变命运,可改变气度,可提升修养,可提高思想境界。

143. 高贵女人必须"学会……"

做一名高贵的女人,既要学会快乐、学会善良、学会宽容、学会高傲、学会坚强、学会珍惜;又要学会欣赏自我,学会照顾自己,学会忘却痛苦,学会淡看得失。

[诠释]

学会快乐。没人会为你的痛苦买单,心情是自己的,时刻要提醒自己:我高兴,我快乐。

学会善良。善良是做人的根本。不要为了"名"与"利",而迷失了善良的本性。

学会宽容。女人不是因为美丽而可爱,而是因为可爱才美丽。你的宽容会让别人感激一生。

学会高傲。女人应该有一点清高的资本,这资本源于自己的不懈努力。要记得时刻充实自己,永不放弃。

学会坚强。"我爱你时,你才那么闪耀;我不爱你时,你什么都不是。"这句话不但适用于爱情,也适用于人生。

学会珍惜。珍惜你认为值得珍惜的,别让人生留下惋惜。珍惜在乎你的人,不再为那些不在乎你的人徒劳。

学会欣赏。有的女人是外观的美,有的女人是心灵的美,心灵的美比外观的美更美。学会自我欣赏,相信自己是最好的,也是最美的。

学会生活。学会自己照顾自己,没人会搀扶你一辈子,你总得为自己谋一个赚钱的本事。

学会忘却。爱情使人忘记时间,时间使人忘记爱情。不要让太多的昨天,占据你的今天,学会对痛苦说声拜拜。请相信:失去的东西,其实从未真正属于过你。

学会看淡。学会淡看得失,这世上,没有任何东西能让你迷失自己。学会承受困难挫折,学会笑看风雨人生。学会对自己说:"没什么了不起的,一切都会过去。"

144. 最好的家庭教育：放点糖，加点盐，补点钙

> 最好的家庭教育，应该是熬一锅"糖""盐""钙"俱全的浓汤。让孩子拥有幸福的底色，修炼健全的人格。这样，才能在起起伏伏的人生中，开启流光溢彩的奋斗之旅。

[诠释]

一个孩子的成长，需要糖，需要盐，也需要钙。糖是关爱、鼓励，盐是直面挫折、苦难，钙是自强、自立。在家庭教育的这口大锅里，我们要懂得合理有序地放糖、加盐、补钙，"汤"才会营养全面，孩子才会成为一个温暖有爱、富有担当、勇敢坚强的人。

放点"糖"，顺应孩子的天性。每个孩子天生都是爱"糖"的，甜的食物能满足大脑对能量的需求，能让人心情愉悦。家庭教育中的"糖"，就是父母的关爱和鼓励，它像节日的巧克力，充满着甜蜜温馨，能让孩子放松身心，找回自己的天性。只要父母舍得用欣赏和鼓励的言语编织甜蜜的爱，只要父母愿意用温暖和包容的深情陪孩子走过年少时光，孩子自然会充满信心，在前行的路上成为最美好的自己。

加点"盐"，教孩子面对生活的挫折。有位哲学家说过："磨难，苦难，挣扎，这是成长的过程。"人生总是五味杂陈，有甜蜜，就会有苦涩。在教育这口大锅里，自然也少不了"盐"这个至关重要的调料。给孩子的教育里加点"盐"，就是要让孩子明白，生活并非总是一帆风顺的，不可避免地会遇到各种困难和挑战。孩子成长的过程，本来就是一个不断摔倒再爬起来的过程。挫折中，孩子会学到一定的知识、经验和勇气。我们即使再爱孩子，也要在他们的成长路上撒下一把"盐"，让孩子提前感受切肤之痛，才不会在遭遇挫折时一蹶不振。

补点"钙"，让孩子自强自立。让孩子成为一个独立的个体面对生活，补"钙"是家庭教育中必不可少的。通过补"钙"，让孩子拥有旺盛的生命力和顽强的适应力，挡得住生活的风风雨雨。著名教育

家卡尔威特说:"重视独立能力的培养,才是对孩子的真爱;而溺爱和娇宠则是形成独立人格的最大障碍,只会让孩子在将来的生活中吃尽苦头。"孩子的独立与自立,与父母的培养分不开。父母只有学会适当地放手,让孩子在生活中尝试"自己来",才能成就孩子独立自强的人格。这就是给孩子最好的"补钙"。

 # 品行高远篇

145. 做人当低调

低调,是一种为人原则,是一种行事智慧,也是一种生活姿态。做人,一定要低调。

[诠释]

低调,是一种智慧,是一种谋略,也是一种境界。低调所呈现出的是大气与从容。低调做人,就是要学会藏锋敛迹,多思慎言,与人为善;要学会谦虚平和,淡泊豁达,心胸宽广。低调,让你拥有坦荡人生,宠辱不惊;低调,让你审时度势,游刃有余。

低调,是你的学问、修养、涵养、情操的集合体现。一个人,只有培养低调的个性,学习低调的智慧,才能永葆一颗平常心,才能时刻保持冷静,不被外物所干扰。不要觉得自己了不起,不要觉得自己很聪明,更不要觉得自己很厉害。当你自以为是时,你已经处于危险的境地。保持低调,方为人生最高智慧。

低调的人,犹如茫茫沙漠里的一方绿茵,让你清爽透凉,希望满满;低调的人,犹如茫茫大山中的一道风景,让你流连忘返,回味无穷;低调的人,更是纷扰世界的一面明镜,他既能看清自己的不足,又能读懂人生的真谛。低调,是一种超然洒脱、平和豁达的人生态度。低调做人,就是在卑微时豁达大度,在显赫时不骄不躁。

做人,一定要低调。

146. 人品正,众人敬

做事先做人,做人先立德。做人以善为先,待人以诚为本。

[诠释]

做事先做人,做人先立德。一个人,穷不算啥,不能丢掉为人的尊严;富不算啥,不能失去做人的良心。做人,重要的是人品,人品越好,人缘越好;人缘越好,机会越多;机会越多,道路越宽。人品好的人,遇事之时有人帮衬,低谷之时有人支援。

做人以善为先,待人以诚为本。要懂人难处,护人短处,坚强不屈,临危不惧。要知道为别人付出,懂得把别人尊重。好人品的人,不欺负人;真善良的人,不歧视人。

做人,拼的就是人品。勿狂妄自大,勿目中无人。低调做人,稳重做事,真诚交往,善良处世。想要人真,不能假半分;想受人尊,就先尊重人。人这一辈子,和人相处懂让步,与人往来要谦虚。人品好,才能长久发展;好人品,才是立世根本。

147. 时间,会留下最真的人

短期交往看脾气,长期交往看德行,一生交往看人品。

[诠释]

看人,不要用眼睛去看,容易走眼;不要用耳朵去听,容易听岔。只有用时间、用真心去感悟,真的假不了,假的真不了。时间,可验证人心,见证人性,看清真相,拆穿假面。

短期交往看脾气,长期交往看德行,一生交往看人品。"路遥知马力,日久见人心。"时间,会留下最真的人。在这个世界上,只有时间不会骗人,只有时间能证明一切。

148. 人有德,必有福

做人德为先,做人德为贵。有德自然香,有德必有福。

[诠释]

有人说:"人之靓丽,并非容颜,而是内心。心存善念,非靓也美,非富也贵。"有德自然香,这句话道出了人生哲理。有德行的人,讲究道德修为,自然是德高望重,会赢得人们的敬佩;不讲德行的人,到哪儿都不受欢迎。

人活一世,我们可以没有金钱,没有地位,但不能没有德行。生而为人"德"为贵。我们不管处于哪种境地,都要保持做事先做人的情怀。一个人的德行,来自一颗善良的心;一个人的涵养,来自一颗仁德的心。只有德行好的人,才能得到他人的认可和尊重。做人,就要"与人为善,于己为善"。

一个人以德为重,那么你的人生定能站得高,望得远,行得稳。无论你走到哪儿,都能赢得他人的好评,你的人格亦会熠熠生辉。

149. 做一个内心有光的人

做一个内心有光的人,让生命能闪光,灵魂有善良,前方有明灯,胸中有光芒。内心有光的人,既明媚了自己,也明媚了世界。

[诠释]

有一盏灯,能照亮前方;有一束光,能穿透迷雾。善良、正义、担当,能让生命闪光。

善良是人性中最璀璨的光芒,善良与贫贱无关,与富贵无关,与

学识无关,与职位无关,它存在于每个心存善念的普通人当中。这世间,能让人与人之间无私无畏相处,能让事与事之间合情合理存在,皆因世间存在善良。

正义包含惩恶扬善、是非分明、处世公道、态度公允、利益平衡等含义。希腊诗人米南德曾说过:"正义胜似法律。"可见,正义不仅是法之源,更是法的最高境界。只有心怀正义,才能与不良的社会现象做斗争;只有维护正义,才能让邪恶无处藏身。维护正义,就是维护社会规则和秩序。维护正义,也是每一个社会成员的道德义务。

担当是一种责任、一种境界、一种精神,是"无须扬鞭自奋蹄"的道德情操。所谓担当,不只是对小家庭有肩挑重任勇于承担的气度,还要有强烈的社会责任感和使命感。人的禀赋各不相同,只要各施其才各尽所能,沿着正确的方向努力前行,就是在担当社会责任。忠于职守是一种担当,克己奉公是一种担当,弘扬正气是一种担当,立德树人亦是一种担当……

拥有善良、正义、担当的人,就是内心有光之人。一个内心有光的人,既能照亮自己,亦能照亮别人。愿每个人都能成为内心有光之人。

150. 让人舒服

让人舒服,是为人处世之道,是顶级的人生智慧。真正的高人,并非趾高气扬、盛气凌人之人,而是周到体贴、平易近人,让人如沐春风之人。

[诠释]

层次越高的人,越懂得让人舒服。发自内心地体贴他人,为他人着想,真诚地对待他人、包容他人,如春夜细雨,润物无声。让人舒服,不是圆滑世故,更不是迎合讨好,而是长在心底里的善良,是刻在骨子里的教养。

越有教养的人,越懂得让人舒服。谦虚、温和、宽宏大量,心里总

是装着别人,就如温润的美玉,让人感到舒服、温暖,心生美好。本事越大的人,对人情世故越通达,一言一行一举一动都让人舒服,处处透着教养,能化戾气为祥和,人生之路必定越走越宽。

让舒服待人成为一种本能,成为一种品行。顶级的人格魅力,不是惊才绝艳,而是将心比心、处处让人舒服的本心,更是深深根植于骨子里的温暖、善良。越是见过大世面的人,内心越是悲悯、温柔地对待身边的人和事,处处让人感到舒服,如沐春风。能够让人舒服,是因他拥有足够的实力,善良的心肠,更是胸中有沟壑,腹里有乾坤。正因为心中有爱,眼里才会有温柔。

为人处世中,若学会让人舒服,必定相交满天下,人生路越走越顺,福气越积越深。要做到让别人舒服:一要多念人恩。人有恩于我,我必感念于心,知恩图报,有恩必报。二要不道人非。不说别人的是非,不揭别人的隐私,不议论别人的痛苦与不幸,不处处彰显自己的优越。三要不究人过。行走于人世间,人人都会犯错,我们要宽宏大量,不斤斤计较他人的过错。四要将心比心。与人相处时,要做到推己及人,设身处地考虑他人的感受。

151. 做人,请不要炫耀

做人,请不要炫耀。低调,会让你走得更远;谦虚,会让你飞得更高。用一颗低调的心做人,轻松自在;用一颗谦虚的心做事,有益无害。

[诠释]

做人,请不要炫耀,更不要事事显摆。是强者,人人看得见;是英雄,人人会称赞。越是厉害的人物,越是低调做人。

做人,请不要炫耀,风光也好,富裕也罢,都别目中无人、盛气凌人。谦虚一点,人人喜欢;平和一点,没人指点。越是炫耀,越没人理;越是得意,越没人信。真正优秀突出的人,不会显山露水、大肆宣扬,而是低调谨慎、谦虚有礼。人这一辈子,唯一能炫耀的,就是一个人低调的作风,就是他端正的人品。

做人,请不要炫耀,别太招摇,别太嘚瑟。功名利禄,不能养你一辈子,也不能炫耀一辈子。永远记住:刚者易折,柔则长存。人外有人,天外有天,高手藏在你身边。太狂妄,注定走不远;太自大,会让人嫌弃。低调,会让你走得更远;谦虚,会让你飞得更高。用一颗低调的心做人,轻松自在;用一颗谦虚的心做事,有益无害。

152. 做人的心量

做人的心量有多大,人生的成就就有多大。心量大的人,处处皆美景,时时皆春天。

[诠释]

做人的心量有多大,人生的成就就有多大。不为一己之利去争、去斗、去夺,清除报复之心和嫉妒之念,自然"心底无私天地宽"。心若计较,处处都有怨言;心若放宽,时时都是春天。心量大的人,使人严肃而不孤僻,使人活泼而不放浪,使人稳重而不呆板,使人热情而不轻狂,使人沉着而不寡言,使人和气而不盲从。

每个人都是塑造自己的工程师。有同情心,才能利人;有体谅心,才能容人;有忍耐心,才能做人;有艰难心,才能助人;有明智心,才能观人;有包容心,才能处人;有厚道心,才能谋人;有信任心,才能用人;有责任心,才能育人;有美丽心,才能示人。

不虚伪、不做作,直率、干脆,这是真;以同情之心待人,以恻隐之心爱人,这是善;沟通心灵和仪表,融合自然与万物,这是美。以"真""善""美"的品位做人,其乐无穷。有些事,不管我们愿意不愿意,都要发生;有些人,无论我们喜欢不喜欢,都要面对。生命中遇到的人和事,都是不以我们的意志为转移的。喜欢也好,不喜欢也罢,该来的会来,该到的会到,没有选择,无法逃避。我们能做的就是面对、接受、处理、放下。

153. 厚道之人,必有厚福

厚道之人,必有厚福。人生处世,我们当宽厚待人。

[诠释]

古往今来,厚道者,往往福禄深厚。厚道不是懦弱,而是一种气度;厚道不是无能,而是一种雅量。与厚道者相交就如冬日的暖阳,亦似夏日的和风,让人宁静而温馨。

生活中,相信谁都喜欢与厚道之人打交道。厚道之人有一颗包容的心,不过分计较得失。和这样的人交往,无论是做事还是聊天,都如沐春风。厚道之人能忍、能让、能放,厚道之人不给人难堪,不指责他人,很少与他人发生矛盾,因为他们懂得宽容与大度的重要。人生处世,若以大度兼容,则可万物兼济。

厚道之人,懂得换位思考,设身处地地为他人着想;厚道之人,懂得换位思考,将心比心地为朋友谋划。人际往来,不以己利为先,厚道待人,是最恰当的方式,亦是真正的处世哲学。

为人厚道,人生之路才会越走越远,越走越宽。厚道之人,必有厚福。

154. 男人心宽路自通,女人心善貌自美

男人心宽,事业才丰满;女人心善,世间才温暖。心一宽,天地宽;心一善,福气添。

[诠释]

男人要心宽。男人多是在外打拼,需要多方应酬,需要面对社会上的方方面面,心理承受能力自然要高一些。一个男人,心若不宽,

承受能力差,便不能在风浪之中把握前进方向,也不能在苦难之中窥见一缕阳光。一个男人,心若不宽,处处计较,颇多怨言,便难以在汹涌之中保持冷静,难以在乱局之中抓住关键。一个心宽似海的男人,才能在失意之时不丧失斗志,成功之时不骄傲自满,最终成就一番非凡事业。可见,心宽路自宽。心宽的男人,才能于风雨中泰然自若,闲看人生百态,于艰难曲折中成就一番事业。

女人要心善。女人大美为心净,中美为修寂,小美为貌体。心地善良是最高层次的美。心善则貌美,漂亮的皮囊只是好看,而善良的心则可由内而外发出灵性亮光,可以温暖照亮他人。心善的女人,才能于岁月间怡然自得,笑对世情冷暖,照亮人心黑暗。

155. 吃亏,是一种做人的高度

> 能够明白吃亏是福,甘愿吃亏的人,就是拥有大智慧的人。

[诠释]

吃亏是福,简简单单四个字,彰显的是一种品格的修炼,或者说是一种品质的升华。能够明白吃亏是福,甘愿吃亏的人,就是拥有大智慧的人。吃亏,是一种做人的高度,因它能"推己及人",能"将心比心"。

吃亏,是一种换位思考,亦是一种顾全大局。能吃亏,自然少是非;肯吃亏,自然有权威。做好人就难免会吃亏,而是否愿吃亏、是否怕吃亏,无疑是一块试金石。在人与人之间的交往中,永远没有绝对的公平,既然吃亏是难免的,倒不如以宽容之心泰然处之。当我们把鲜花送给别人时,首先闻到花香的是自己;当我们把泥巴抛向别人时,首先弄脏双手的是自己。表面上的吃亏,何尝不是正在为自己铺设一条光明大道呢?

只要我们留意一下身边的人就不难发现,凡是取得巨大成就或有杰出贡献的人,无一不是胸怀宽广、甘愿吃亏的人。行走在漫漫人

生之路,我们要学会视无常为有常,很多时候,我们需要忍耐,需要超脱,明白吃亏是福,欣然接受吃亏是福,问心无愧,悠然自得,才会活得更潇洒、更快乐。

"吃亏"有两种,一种是主动吃亏,另一种是被动吃亏。"主动吃亏"是主动去做没人愿意做的、报酬少的和在别人眼里感到憋屈的事,而这恰恰能赢得他人的尊重和赞许,扩展良好的人际关系。"被动吃亏"是由于无奈,并不情愿,的确吃了亏。但这种"吃亏"既考验了你的心志和能力,又积累了你的人生经验和阅历。无论是"主动吃亏"还是"被动吃亏",只要甘愿"吃亏",都是一种睿智、一种胸怀、一种风度,更是一种坦然、一种豁达、一种超越。

156. 做人,一定要大气

> 对人,要宽容,不要斤斤计较。
> 对事,要超脱,不要深陷其中。
> 对己,要豁达,不要心胸狭窄。

[诠释]

大气,是一个人做人做事的风范、态度、气质、气度,是一个人综合素质向外散发的一种无形力量。大气,是一种纳百川、怀日月的气概,是一种从容大方、自然天成的气量,是一种成熟宽厚、宁静和谐的气度。

对人,要宽容,不要斤斤计较。待人豁达大度、胸怀宽广,这是一个人具有良好修养的外在表现。古人云:"君子要忍人所不能忍,容人所不能容,处人所不能处。"朋友间要互相帮助,互相配合,以诚相待,在共同目标下求合作,在相互合作中求合力,在相互信任中求发展。

对事,要超脱,不要深陷其中。人的一生,猝不及防的打击,始料未及的挫折,随时发生。事无论大小,不管好坏,都不要太在意,太当回事。切莫一见好事就喜形于色,一遇坏事就愁眉苦脸。遇事要敢

于担当,看得开,拿得起,放得下,当进则进,当退则退,稳重沉静,泰山崩于前而面不改色。

对己,要豁达,不要心胸狭窄。每个人都生活在现实社会中,吃点小亏,受点委屈,是常有的事。忌时时算计利害得失,以己之得与失作为好与坏、喜与忧的标准。要学会豁达以对,淡然处之。心如止水观日月,目似明镜看春秋。

157. 情义养人气

相处要真心,相伴要交心。宽厚养大气,情义养人气。

[诠释]

"人人为我,我为人人。"滚滚红尘,人与人之间有着千丝万缕的联系,没有谁能够不食人间烟火,超然世外。有情有义是做人的基本原则。

人生有涯,情义无价。有情有义的人,不会特别孤僻,不会"人走茶凉",不会时刻准备着与人"相忘于江湖";有情有义的人,珍惜人与人之间可遇而不可求的缘分,心里总是装着别人的好以及来之不易的情谊,回忆里满是与朋友相处的美好时光;有情有义的人,在别人有难之时,绝不会冷眼旁观,也不会悄然离去,更不会落井下石,而会尽己所能伸手拉一把。

用一颗感恩的心去聆听,处处都会有惊喜。没有不能长久的两份情,只有不懂珍惜的两个人。相处要真心,相伴要交心,重情重义才能换来不离不弃。生活就像一个大舞台,随时都有精彩,春花秋月,雪落梅开。美景醉人眼,情义养人气。

品行高远篇

158. 越是理性的女人，活得越高级

理性的女人，在事业上更容易成功，在生活上更容易幸福。她们既能过好自己美好的人生，还能把失去的活成另一种获得。

[诠释]

高级女人最大的底牌就两个字：理性。理性的女人，不被他人和情绪所左右，时刻保持头脑清醒；理性的女人，擅于从纷繁杂乱的情境中，梳理出清晰的脉络和头绪，动用知识和策略，高效地达到目标；理性的女人，不管被命运推到怎样的深谷，依然有走出深谷的勇气和能力。

理性的女人，明智，清醒，对这个世界有更加客观、精准和全面的认知，所以她们在事业上更容易成功，在生活上更容易幸福。

理性的女人，活得有弹性。她们可以享受最好的，也可以承受最差的。她们能坐在五星级酒店里喝咖啡听音乐，也能挤在路边大排档里吃麻辣烫看市景。理性的女人，明白世事无常，人性叵测，所以她们懂得设置止损，可以独自消化负面情绪，尽可能把伤害值降到最低。

理性女人的高级，是拥有极高的挫折耐受力。她们既能过好自己美好的人生，还能把失去的活成另一种获得。

159. 渡人，渡心，渡己

人的一生，就是渡人、渡心、渡己。渡人，是一种胸怀；渡心，是一种升华；渡己，是一种修养。

[诠释]

渡人，是一种胸怀。何为渡人？当别人迷茫困顿时，给别人指明

方向,就是渡人;当别人深陷烦恼时,给别人指点迷津,就是渡人;当别人失意忧愁时,给别人送去温暖,就是渡人。渡,是人性中所蕴藏的一种最柔软却也是最强劲的情怀。人生是一盘很大的棋,你在这里迂回一下,可能就在那里蓄积了力量。渡人,亦是渡己。

渡心,是一种升华。善于渡心的人,无论生活何种模样,都能以淡泊的态度去面对,都能带着感恩的心去善待身边的一切。善于渡心的人,会更注重丰富内心,在生活中沉淀自己,追求自己心之所向。

渡己,是一种修养。何为渡己?渡己,是知道自己的闪光点,也悦纳自己的不完美,始终做一个与世无争的自己。每个人的生命,都有一道缺口,你越是挣扎,越是想弥补,反而会将缺口撕扯得越大。当你平静下来,正视那份缺憾,你也将慢慢明白,人生,正是因为那道缺口才精彩。只有取悦自己,生活才会更加美好。

160. 做人,要懂得取舍

做人,要懂得取舍。只有懂得舍弃,才会有所收获。"舍得"二字,不仅是为人处世的智慧,更是做人做事的艺术。

[诠释]

做人,要懂得取舍。取舍,是选择,不是懦弱;取舍,是看淡,不是认输。人生在世,小舍小得,大舍大得。"舍得"二字,不仅是为人处世的智慧,更是做人做事的艺术。

做人,要懂得取舍。舍了该舍的,就会得到该得的。舍得了小利,赢得了人心;舍得了欲望,赢得了幸福;舍得了虚荣,赢得了尊贵;舍得了自我,成就了大局。拥有了舍得的智慧,便能放宽心态,让世事云淡风轻。

世俗中拥有一颗超脱之心的人懂得"舍得",人生的旅途,好比一次次旅行,我们一步步走,一点点扔,走出来的是路,扔掉的是包袱;路,越走越长,心,越走越清。

161. 做一个有趣的人

> 有趣的人,不仅自己收获快乐,也是别人的"开心果"。我们要多发现生活的趣味,多感受人生的快乐,让自己有趣,让生活有味。

[诠释]

有趣,和枯燥、乏味相对,是一个人身上闪闪发光的品质,是平淡生活里的"调味剂"。说一个人有趣,是很高的评价。那么,何为趣,古今中外尚无定论,只是仁者见仁,智者见智而已。文人墨客笔下,人有人趣,物有物趣,自然景物有天趣。趣者,存乎一心,大凡让人心生快意、心旷神怡的,都莫不有趣。

有趣的人,对生活抱有大爱。有时,即便身处逆境,他们也能过得兴致盎然;即便眼前满是苟且,他们也能找到诗和远方。有趣的人,有着强烈的好奇心。因好奇,凡事都想探个究竟,弄个明白,自然能找到常人一般难以发现的趣和乐。有趣的人,深藏大智慧。要从平淡日子中咂摸出趣味,离不开对生活的敏锐洞察,离不开对人情世故的深刻洞悉,离不开对知识阅历的深厚积淀。有趣的人,不仅自己收获快乐,也是别人的"开心果"。

成长于互联网时代的年轻人,平日以"斗图"为乐,从各类小游戏、小程序中寻求快意,而一旦合上电脑、锁住手机,往往双眼发胀,大脑茫然,趣味尽失。这样的趣,终非真趣。沈复在《浮生六记》中写道:"余忆童稚时,能张目对日,明察秋毫。见藐小微物,必细察其纹理,故时有物外之趣。"我们不妨学学前人,多发现、挖掘生活的趣味,多吸收、汲取方方面面的知识,让自己有趣,让生活有味。

梁启超说:"我是个主张趣味主义的人。我以为凡人必须常常生活于趣味之中,生活才有价值;若哭丧着脸捱过几十年,那么,生活便成沙漠,要他何用。"朋友,请赶快行动起来,从今天起,做一个有趣的人。

162. 做心态阳光之人

以阳光的心态,走好人生的每一步。你观赏到的,一定是大好风景;你感觉到的,一定是花香满径。

[诠释]

人生最大的快乐和幸福,是拥有阳光般的心态。心态阳光了,凡事都会化繁为简。心无所求,便不受万象牵绊;心无牵绊,坐也从容,行也从容。心中充满阳光,你才会拥有永恒的美。

当一个人处于困境时,不必唉声叹气,不必怨天怨地,更不必绝望至极。要记住只要心里有阳光,就会有希望,有生机。一时的成败得失对于一生来说,不过是一场小感冒,它不但摧不垮你强健的身体,还会历练你的坚强意志。有了放弃,才有了选择;有了宽容,才有了理解;有了过程,才有了充实;有了勤奋,才有了成功;有了知足,才有了幸福。

人生在世,谁不曾有过辉煌,谁又不曾有过悲伤,只要真正看得明白,想得通透,就能够正视生活,将生命的旋律奏响。懂生活的人,会把日子过得有滋有味。世事繁杂,诸事多变,凡事必须看透想开。遇事若只往坏处想,心灵的天空只会被愁云笼罩。我们改变不了环境,就改变自己;改变不了事实,就改变态度;改变不了过去,就改变现在;掌控不了他人,就掌控自己;不能预知明天,就把握住今天;不能万事如意,就做到事事尽心。

很多时候,审时度势的我们选择了舍弃。这并不意味着全然失去,而是一种更大的获得,人们往往会在舍弃时赢得更多的掌声和尊重。以阳光的心态,走好人生的每一步。你观赏到的,一定是大好风景;你感觉到的,一定是花香满径。

163. 做人,不要去怪任何人

做人,不要去怪任何人。与其埋怨,不如埋了怨,多找自身问题,少去责怪他人。

[诠释]

做人,不要去怪任何人。关心你的人给你温暖与快乐,伤害你的人给你经历与成长,我们要学会感恩所有的遇见。抱怨别人,只会增加自己的怨气,让自己心累。看淡点儿,换种心态,往好处想,其实也没啥好怪的。

埋怨别人,等于变相地惩罚自己。是你的错,你没理由埋怨别人;是别人的错,你埋怨别人也没用。与其埋怨,不如埋了怨。错了就错了,想办法解决就行了,没必要揪着不放,更不要一再地去埋怨。

不明智的人喜欢埋怨别人。这不仅是在惩罚别人,同时也是在惩罚自己。人与人之间,要想相处融洽,就要多点包容,少点埋怨;多找自身问题,少去责怪他人。

164. 学会战胜自己

决定人生能否辉煌的,是看你能不能战胜自己的傲慢、偏见、欲望、情绪和格局。

[诠释]

战胜自己的傲慢。傲慢,常常让一个人处于非常危险的境地。傲慢的人,总是认为自己无所不知;傲慢的人,总是认为自己优于他人,而这种优越感一旦形成,就很难清醒认识真实的自己。傲慢的人,很容易被别人利用和操控,我们必须战胜自己的傲慢。

战胜自己的偏见。每个人都有与生俱来的偏见。心中充满偏见

的人,很难看透事物的真相,很难看清人的真实面目,他们思想僵化、视野狭隘。我们必须战胜自己的偏见。

战胜自己的欲望。战胜欲望,就是指能将欲望控制住,可收可发,可隐可现。"无欲则刚",一个人如果能战胜自己的欲望,就会坚不可摧。

战胜自己的情绪。情绪,是一个人最大的心魔。脾气人人都有,拿得出来是本能,压得下去是本领。学会收敛自己不良的情绪,是一个成熟的人的必备能力,也是一个人最重要的涵养。我们需要明白一个道理:有时放过别人,就是放过自己。

战胜自己的格局。当你处在某个领域中的瓶颈时,若想有所突破,那个突破口,就是自己不断提升的格局。格局的升级,其实就是一个人整体层次的提升。当一个人能够战胜自己的傲慢、偏见、欲望和情绪时,自然就会战胜自己的格局。

165. 做人"三知"

知理,进退有度;知足,心宽有福;知趣,相处舒服。

[诠释]

做人,要知理、知足、知趣。知理,就是明理,懂得为人处世的道理;就是重理,有与人为善的态度。知理的人,说话注意场合和分寸,做事知道好坏和本分。知足,不是你的,不争不抢不辩;是他人的,不贪不羡不求。知足的人,懂得惜福,把握眼前,把握当下,不慕他人。知趣,知道进退,他人厌烦不纠缠;知道收敛,心里有气不乱发。知趣的人,从不说让人难受的话,从不做让人难堪的事。

做人,要知理、知足、知趣。帮人就是帮己,与人为善,就是与己为善。懂得道理,才能规避错误;知道惜福,才能收获幸福;把握好度,才能掌控人生。

166. 人生有"三好"

> 有一双好眼睛:眼界长远。
> 有一对好耳朵:善于倾听。
> 有一副好肚皮:心胸宽广。

[诠释]

人生有三好:一双好眼睛,一对好耳朵,一副好肚皮。若能把这三者融会贯通,思想境界就能达到一个新的高度。

有一双好眼睛:眼界长远。一双好眼睛,可以分是非,辨善恶,识好歹,且视野长远。眼光有多远,思想就有多远。眼界,注定人心的格局;格局,框定人生的命运。眼界有多宽,境界就有多宽。

有一对好耳朵:善于倾听。伏尔泰说:"耳朵是通向心灵的路。"善于倾听,是成熟的人最基本的素质;善于倾听,是智者的特质。倾听是一种了解别人的方式,更是一种与人交往的智慧。

有一副好肚皮:心胸宽广。好肚皮,即指心胸宽广,以和为贵的肚量,择其善者而从之,其不善者而改之。好的肚量,包容生活中的喜怒哀乐,化解人世间的恩恩怨怨,明辨周围的是是非非,以平常心面对周遭发生的人和事。海纳百川,有容乃大;人有肚量,谋事易成。

167. 做人"三不问"

> 成熟的人不问过去,聪明的人不问现在,豁达的人不问未来。

[诠释]

人生是一场单程的旅行,即使有些遗憾,我们也没有从头再来的机会。与其纠结无法改变过去,不如微笑着珍惜现在。我们不能把

自己的心情停留在昨天,而要好好地活在当下。从今天开始,学会善待自己。

成熟的人不问过去。无论发生什么事,不管事情开始于何时,它终将会成为过去。不要总在过去的回忆里缠绵,不要总让昨天的阴雨淋湿今天的行装。过去的你,或许有很多令人伤心的往事,但是说到底,那些都已经过去,无论你多么在意,都改变不了了。真正成熟的人,不会让太多的昨天占据自己的今天。

聪明的人不问现在。一个真正厉害的人,是不会被当下所束缚的。聪明的人,懂得调节自己的情绪,不易被外在事物影响自己的心情。即便此刻有困难挫折,也不会就此放弃;即便此刻已春风得意,也不会满足现状,仍会砥砺前行。路都是自己走出来的,只要你愿意努力,那就从此刻开始,把每一件看似平凡的小事做到极致。

豁达的人不问未来。《增广贤文》有言:但行好事,莫问前程。不必急着向生活要答案,人生的路很长,不要计较短暂的得失,有时,你耐心等待,生活就会给你想要的答案。不管结果如何,来过,爱过,努力过,奋斗过,无愧于心,就好。

168. 境界高的人有八大贵相

境界高的人有八大贵相:端庄厚重,谦恭有礼,善始善终,善良悲悯,诚实守信,达观洒脱,温文尔雅,慎独自守。

[诠释]

端庄厚重。君子重威仪。站有站相,坐有坐相。古人认为,走路轻盈稳重是贵相,走路匆忙、脚不点地、左右摇摆的人不会发达。

谦恭有礼。对人谦和,不卑不亢,言行举止恭敬而有礼节。为人谦虚低调,人人喜爱;狂妄自大、粗野无礼的人,人人讨厌。

善始善终。不管是大事小事,都要做得有头有尾,有始有终,脚踏实地,持之以恒。

善良悲悯。善良是最大的"贵相"。一个人如果心术不正,其他

的事情就不值得一提了。悲悯众生,心存济物,关怀别人,善待万物,是一个人的大格局。所谓"大人有大量",而一个人只想着自己的那点私利,是不会有出息的。

诚实守信。诚信是做人之本,所谓"君子重然诺",说话要算数,做事要靠谱。

达观洒脱。人情冷暖,世态炎凉,世事总不尽如人意。看淡看破了就是达观,心平气和了就是洒脱。

温文尔雅。温文尔雅是一种知性美,是浓浓书卷气中透出的一种优雅。温文尔雅是古代中国人的"绅士风度"。

慎独自守。古人曰:"自修之道,莫难于养心;养心之难,又在慎独。"君子慎独,外不欺人,内不欺己,表里如一,光明磊落。君子自守,众处守口,独处守心,既要慎独,也要"慎众"。

169. 眼宽能容事,心宽能容人

做人要有雅量,做事要有眼光。用宽容的眼光去看事,则事事完美;用宽大的心胸去度人,则人人好人。

[诠释]

眼宽能容事。人生在世,经历的事情万千,难免不遇到几件烦心事。遇到烦心事不要紧,关键在于用怎样的态度去面对。碰到急事、难事,首先要把火气降下来,然后把眼光放长远,方能以不变应万变。暴躁、恐惧、贪欲,容易阻碍人的眼界。过于看重荣辱,过于计较得失,争名逐利,往往使人受困于眼前的一方小小天地。对待功利得失,必须看淡、看轻。成大事者,目光不能局限于眼前,要做到未来不迎,当时不杂,过往不恋。凡事有可为,也有不可为。可为之事,当勉力为之,此谓尽心;不可为之事,当顺其自然,此谓看淡。尽心看淡,方能无畏无惧。

心宽能容人。若要做到胸襟宽广,应从"平淡"二字下功夫。所谓平,就是放平心态;所谓淡,就是看淡得失。容不下他人时,必先自我反省。自我反省,不但能使心气平和,且有利于维护人际关系。容人,既不是懦弱,也不是忍让,而是扬人之长,补人之短,谅人之过,察人之难。一个人的胸襟越宽广,脚下的路就越宽阔。

170. 凡事让一让

> 凡事让一让,道路更宽广;遇人让一让,生活更向上。让一让家人,日子赛蜜糖;让一让同事,事业更辉煌。

[诠释]

得理时,让一让,给人留条路;无理时,让一让,给己下台阶。在朋友面前让一让,友情会更稳固;在家人面前让一让,家庭会更和睦;在同事面前让一让,事业会更辉煌。

让,不是一种屈服,而是一种大度;让,可能一时委屈,却能减少冲突。让,也许不能给你带来好运,但是一定可以帮你化解矛盾。有些事,争了未必能赢,让了或许能柳暗花明。

君子让小人,让的是理;好人让坏人,让的是品。男人让女人,让的是情;女人让男人,让的是爱。大人让孩子,让的是宠;小辈让长辈,让的是敬。

让一让,让你的生活减少不必要的烦恼;让一让,让你的人生多份看得见的美好。会让,你才是赢家;让了,你才是智者。

万事如意篇

171. 遇事别样处理

真正的高手遇事,往往先处理心情,再处理事情;先分析心态,再分析事态。

[诠释]

选择沉默。当一个人被亲人朋友误解时,与之争辩不是好的选择,给自己和他人留有一定的空间,沉默不失为一个好的选择。

平静应对。当一个人跌入人生谷底之时,他身边所有的人都会对他说:要坚强,要快乐。坚强是绝对需要的,快乐恐怕有点强人所难。试想有谁能在跌得头破血流之时会兴高采烈呢?但至少可以做到平静,平静地看待人生的起起落落,平静地做该做的事。

不想当初。人生是一条有着无限多岔路口的漫漫长路,需要我们不停地做出选择,选择不同所造就的人生就完全不一样。有的人喜欢说如果当初如何如何,现在就不会怎样怎样。这种话还是少说为佳,因为每一个路口的选择都没有真正的好与坏,只要我们把人生看成是一份独一无二的创作,就不会频频回首当初。

保持单纯。思虑过多,常常把一个人的人生复杂化。明明是活在当下,却总是念念不忘过往,又忧心忡忡未来。单纯地、快乐地活在当下最真实。

172. 一生最后悔什么

人生没有"后悔药",所以从现在开始,做最好的自己。

[诠释]

一家杂志社在对我国60岁以上的老人进行"您最后悔什么?"的

问卷调查中,列出了十项最易后悔的事情供被调查者选择。相关人员将回收的有效问卷进行统计,现将排在前五位的统计结果列出:

第一,后悔年少时不够努力(占92%)。年少时,常常会碰到这样那样的诱惑,甚至陷阱,那些美好的青春时光会在我们不经意间流逝。当你猛然醒悟时,或许华发早生,或许一事无成。朋友,一个人要想在事业上有所建树、功成名就,就需要付出比他人更多的艰辛与代价。朋友,趁着你还有时间,有精力,有体力,赶快制订一个切实可行的计划,努力地、坚韧地一步步推进这个计划,你终会获得成功。

第二,后悔年轻时选错职业(占73%)。在选择职业或选择创业时,很多人考虑的第一要素是稳定的收入和舒适的生活,大多不愿意去面对挑战,面对困难。一个人待在舒适圈里时间久了,身上没了压力,自然就缺了动力,没了动力,也就埋没了自身的潜力。

第三,后悔对子女教育不当(占62%)。"望子成龙""盼女成凤"可能只是父母单方面的美好愿望,却不知道他们的孩子只想做一个简单快乐的"凡夫俗子"。于是,大多数父母采取了强制、监督甚至棍棒等方式,逼迫孩子按照自己设计的路线发展。最后,多数父母不得不面对现实感到失望至极,只有极少数所谓的"成功者",但这些极少数的父母却也感叹:孩子这些年过得太苦,丝毫没有享受到童年、少年应有的快乐时光。

第四,后悔没有好好珍惜伴侣(占57%)。醉过方知酒浓,爱过方知情重。感情之事,永远是拥有时不懂得珍惜,失去后才知道珍贵。年轻的时候,不懂得珍惜、体谅和理解爱人,待到年老或爱人已离去时,后悔没有好好照顾爱人,后悔没有真心理解爱人。人类永远发明不出的是"忘情水""后悔药"这两种物质。

第五,后悔没有善待自己的身体(占45%)。"身体是革命的本钱"是一句永远都不过时的话。许多人,60岁前用健康的身体去换取房子、车子……60岁后又用自己挣取的一切换取身体的健康。世上,最重要的是身体健康,没有好身体,纵有千万家产又能如何?

173. 静下来的力量

静是韧性的智慧。学会"静",是人生的一笔宝贵财富。无静气,难成大才,难办大事。圣贤之人,越遇大事,越心静如水。

[诠释]

三代帝师翁同龢曰:"每临大事有静气,不信今时无古贤。"一个人要是能慢下来、静下来,反省观照自己,积攒能量,总结经验,等待时机,果断出击,诸事可成。人的一生中会遭遇许多难以解决的事情,这时心中被盘根错节的烦恼所纠缠,茫茫然不知如何面对,此时若能静下心来处理,将会得到一个很好的结局。在那些突如其来的事件面前,一个人若能够沉着应对,就能够化险为夷。

"静"是韧性的智慧。正如老子所说:"静胜躁,寒胜热,清静为天下正。"一个人,学会"静",是一生的宝贵财富。"静"会让你懂得,一旦面前出现惊涛骇浪、乌云笼罩,焦虑与苦恼非但于事无补,还会使事情变得更糟更坏。而恰如其分的"静",才能够让自己稳住阵脚,挽回损失。

174. 学会换位思考,是人际交往的法宝

懂得换位思考,懂得站在别人的立场上看问题,多一分理解,多一分宽容,多一分体谅。

[诠释]

不知道你是否有这样的感受:当你是员工时,总觉得老板太强势,太不近人情;而当你是老板时,又觉得员工太不负责任,太缺乏执行力。当你为人子女时,总觉得父母太专制,太严厉,事事都要管;可当你为人父母时,又觉得孩子太叛逆,太不听话,太不懂事。这样的

例子很多很多,当我们身处不同位置时,看问题的角度就不一样。

很多时候,我们总感到不被他人理解,这其实是因我们不懂得换位思考。可以说,换位思考,是很好的思维方式,是人际交往的法宝,更是人生的大智慧。"换位思考""将心比心",用自己的真心感受他人的难处,理解他人的不幸,体谅他人的不易,是我们为人处世的智慧。

懂得换位思考,懂得从不同的角度去看待问题,不仅能减少人际交往中的矛盾,自己还能收获一方净土,赢得他人的欣赏和尊重。很多时候,世上并没有绝对的对与错,只不过是看问题的角度不同罢了。与人相处,最难能可贵的是:懂得换位思考,懂得站在他人的立场看问题,多一分理解,多一分宽容,多一分体谅。

人,永远都是相互的。人与人走近,需要换位思考;心与心贴近,也需要换位思考;情与情亲近,更需要换位思考。你为他人考虑,他人才会替你着想;你帮他人渡难,他人才会伸手支援。每个与他人相处舒服的人,大多让他人如沐春风的人,往往都是懂得换位思考,都是能理解和接纳他人的人。

175. 成长,是把哭声调成静音的过程

一个人要尽可能调整心态,尽可能让自己过得开心,积极乐观地去面对生活。事情顺遂与否不要紧,别让人生输给了心情。

[诠释]

每个人的一生,都注定是孤独的,孑然一身来,两手空空去。往往越是长大,越是孤独,那种孤独并非来自于独处的状态,而是无人可以倾听自己、读懂自己的悲伤。

正如海明威所说:"太顺太好的事情总是长久不了的,日子还是要慢慢过,生活有时候的确很残忍,但它让你学会了与自己和解。"万千世界,茫茫人海,每个平凡如你我的普通人,总是要熬过一些没人帮忙、没人支持、没人嘘寒问暖的日子,这些时日又何尝不是让我们

变得越来越坚韧了呢。

时光在沉默中前行,人也在沉默中变得坚强。一个人,只有经历了一个又一个的磨难,才会真正明白,所谓"成长",就是把哭声调成静音的过程。正如太宰治在《人间失格》中写道:"在所谓的人世间摸爬滚打至今,我唯一愿意视为真理的只有这一句——一切都会过去的。"人的一生,就是一趟一往无前的旅途。

其实喜怒悲欢,酸甜苦辣,本就是生活常态。过日子,总会有很多事不尽如人意,你想要的生活状态,决定权在你手中,没有谁能替你选择。所以,我们要尽可能地调整心态,以积极的乐观的态度面对生活;要尽可能地让自己过得开心,别和自己过不去,少钻牛角尖。事情顺遂与否不要紧,别让人生输给心情。俗语说,饭慢慢吃,总会饱的;路慢慢走,总会到达远方。

要相信,每一个黑夜,都是黎明的前奏。当下的磨难与坎坷,都是明日辉煌的跳板。愿你一路成长,一路坚强,活成自己喜欢的样子,与想要的未来撞个满怀。

176. 明知不问也是一种修养

> 明知不问,知而不言,言出必善。这样的人,眉眼满是温情,心中尽怀热忱,是品德最高尚的人。

[诠释]

与人相处,最高级的修养不是彬彬有礼,不是嘘寒问暖,而是明知不问的善意和默契。明知不问的待人之道里饱含一个人高明远识的善良。

明知不问的情义,胜过万两千金的宝藏。王阳明曾说:"大凡朋友,须箴规指摘处少,诱掖奖劝意多,方是。"也就是说,劝诫朋友时,要少一点指责,多一点开导鼓励。当朋友处于纷乱繁杂事件漩涡时,旁观的我们更容易看出问题所在,只是骨感的事实让人一时难以接受,此时依据朋友的秉性,委婉地说出建议。既让朋友感受到真诚,

又给足朋友体面,这才是真正的良师益友。

明知不问的微笑,胜过千言万语的关心。每个人都会遭遇困境,都会有不如意不顺心的事,但即使在最需要安慰和关心的时候,也不希望自己的苦楚被更多的人知道和谈论。若不分场合,冠以关心的名义,直接将朋友有意隐藏的事说出来,无异于既揭开伤疤,又在伤口上撒盐。此时,给朋友以理解的眼神,真诚的微笑,默默的陪伴,胜过千言万语的关心。

明知不问的尊重,胜过不合时宜的絮叨。真正的关心,是理解和尊重,是既能设身处地去理解对方内心的痛楚,却从不去触碰它,更不以此充当谈资。真正的关心,是发自心灵的抚慰,是懂得对方的欲言又止。真正的关心,是明知不问,知而不言,用行动去帮朋友走出困境。

火眼金睛,洞穿一切,是本事。润物无声,明知不问,是智慧。明知不问,知而不言,言出必善。这样的人,眉眼满是温情,心中尽怀热忱,是品德最高尚的人。

177. 人生之尺

把握人生尺度,内心世界就有了深度,内在生命就有了宽度。

[诠释]

一个人来到世上,从懂事起,就有了一把尺子。尺在心中,量人也量己;尺在体内,量得又量失。

这把尺子叫比较,以人生为参照物,量一量,谦虚与骄傲、俭朴与奢侈、光荣与耻辱、成功与失败、真善美与假恶丑,一目了然。

这把尺子叫规范,君子有所为,亦有所不为,一个人的一言一行,量一量,就能看出是否符合道德规范。

这把尺子叫分寸,对己、待人、处世都应把握好分寸,一个人的所作所为,量一量,就能看出是否适当、适度、适宜。

把握人生尺度,内心世界就有了深度,内在生命就有了宽度。心中有了这把尺子,做人做事,就能时时有度,分寸得当。人生之尺,是思想的指南针,也是行为的定盘星。有了它,就能平平安安、高高兴兴,洒脱快乐一辈子。

178. 请口下留情

一句真心话,让人温暖;一句无情话,让人心寒;一句嘲笑话,让人生气;一句鼓励话,让人心安。

[诠释]

一句真心话,让人温暖;一句无情话,让人心寒;一句嘲笑话,让人生气;一句鼓励话,让人心安。语言最具杀伤力,不管与谁相处都要谨言慎行。别说伤人的话,别讲害人的话,也许你无心为之,但别人是有意而听。

做人,给他人留余地,也给自己留分寸;处世,给他人留空间,也给自己留后路。语言是用来交流的,不是用来伤人的。不管对谁,都不要飙狠话,往往狠话一出口,悔恨一生。

多少朋友,因飙狠话闹意见不再往来;多少夫妻,因飙狠话伤尊严散了婚姻。世上伤人最深的永远是恶语,如一把利剑直插心脏,如一盆冷水把情浇灭。不管多愤怒,不管因何事,都不要恶言相向。要谨记:话出口,即入耳;一入耳,便入心。

心直口快没有错,为人坦率不为过,但并不是什么话都能乱说,最起码要分清关系和场合。朋友,请做一个谨言慎行的人。

179. 让步,是涵养,也是善良

让步,是真诚,也是情意;让步,是涵养,也是善良。让步的人,为人最是可爱;让步的人,做事最为实在。

[诠释]

一个心胸大度的人,最容易相处;一个豁达豪爽的人,最值得深交;一个懂得让步的人,最受人敬重。

与家人相处,让步是爱,是情,更是疼。包容,是因为爱在;原谅,是因为情深。让步,都因太在乎。与朋友相处,让步是忍,是容,更是敬。忍让,不是害怕,而是厚道;宽容,不是没底线,而是重情义。

让步的人,为人最是可爱;让步的人,做事最为实在。让步,是真诚,也是情意;让步,是涵养,也是善良。世间的理争不完,争赢了成为孤家寡人;情义的事道不尽,懂让步才能深得人心。

180. 只有放下,才能重新开始

人生在世,很多事情,只有放下,才能重新开始。对过去,要淡;对未来,要信;对自己,要爱。

[诠释]

对过去,要淡。你是否因别人的想法,一再委屈自己;你是否因他人的过错,一直耿耿于怀;你是否因一段不再拥有的感情,久久不能释怀……细想想,我们每个人或多或少都有这样的经历。尽管你竭尽所能,还是会遭遇工作的低谷、生活的窘迫、情感的失意、学业的压力……有人这样说过:"不要在一件别扭的事上纠缠太久。纠缠久了,你会烦、会痛、会厌、会累、会神伤、会心碎。实际上,到最后,你不是跟事过不去,而是跟自己过不去。无论多别扭,你都要学会抽身而

退。"有些人,有些事,该放手就要放手,该不在乎就不要在乎。人生在世,很多事情,只有放下,才能重新开始。

对未来,要信。常听有人如此抱怨:生活没有盼头,未来茫然无知。人世间的每个人,谁不曾迷茫过,痛苦过。不同的是,有人把迷茫化作动力,把欲望化作能力,把苦难熬成光明。对于未来,你要相信,只要努力坚持,就能看到光明。即使历经艰难困苦,依然积极面对生活;即使被嘲笑被谩骂,依然选择坚持梦想。生活,从不会亏待认真努力的人,哪怕前方再多艰难险阻,只要你勇敢向前,就一定能看到阳光。

对自己,要爱。这世上,一个人最应真爱、最不可辜负的人,是自己。对自己足够好,你才会快乐,才能欣然地爱这个世界,才能好好地爱别人;对自己足够好,你的生命会更温暖真挚,更具存在的意义。人这一生,太在乎别人,委屈的是自己的心,牺牲的是自己的快乐。爱自己,是人生浪漫的开始;爱自己,是对生命最好的感恩。

一个人的生活,不后悔过去,不惧怕明天,不委屈自己,勇敢向前进。累了,就停下脚步,看一看身边的风景,积蓄力量,整装再出发。

181. 人生最值得珍惜的东西

人生最值得珍惜的东西有三:时间,缘分,福分。

[诠释]

珍惜时间。盛年不重来,一日难再晨;及时当勉励,岁月不待人。时间不会倒流,只会一往无前。人的一生,是过得碌碌无为,还是精彩从容,取决于你对待时间的态度。浪费时间的人,时间也在蹉跎他。只有当你懂得珍惜时间,时间才会给你最好的回馈。人生最大的错误,就是始终觉得还有大把时间而虚度年华。

珍惜缘分。人生最奇妙的是缘分,最难得的也是缘分。茫茫人海,相逢不易,相知更难。正因如此,出现在我们生命中的每一个人、

每一段情,才更值得我们用心对待,认真守护。相逢即是缘,对于偶然邂逅的陌生路人,多一点友善和尊重,不吝惜一个灿烂的微笑;对于陪伴身旁的家人朋友,多一些理解和包容,不吝惜一句温暖的问候。带着一颗感恩的心珍惜所有的缘分,不负遇见,不负人生。

珍惜福分。喜欢抱怨的人,常常觉得自己被生活辜负太多。然而他们忘了,能健康平安地生活,是多么难得的福分。说到底,生活可能没有我们所期待的那么好,但也没有我们所想象的那么糟。芸芸众生,都会经历各自的苦和难,也会收获各自的喜和乐。有得有失,才叫人生;把握得住,才是福分。正如有人所说:"有苦有乐的人生是充实的,有成有败的人生是合理的,有得有失的人生是公平的。"对于生活中的烦恼,我们最应该做的是,少一些抱怨,多一些勇气。在该吃苦的时候坦然吃苦,自能在该享福的时候安心享福。不要等到失去后才后悔,更不要苦苦纠结于得不到的种种。

要记住,你若认真对待时间,你若善待身边的每个人,你若珍重自己的身体,你若珍惜所拥有的一切,就是对人生最好的态度。

182. 人性大恶就是不懂"感恩"

生而为人,就得知恩图报。感恩是一种积极的生活态度,是一个人必备的素质素养。无论何时何地,都不要忘记帮过你的人。

[诠释]

生而为人,就得知恩图报。唯有怀着感恩的心,去面对世界、去面对生活的种种坎坷,人才会活得充实,活得安稳。

没有无缘无故的帮助。帮你,是因为在乎;付出,是因为珍惜。所有的一切,都是建立在感情的基础上。懂得感恩,让那些帮我们的人,有一份温暖在心怀。

古人云:"滴水之恩,当涌泉相报。"感恩,是一种积极的生活态度。懂得感恩的人,是真正顶天立地、问心无愧的人。

一个人,可以追求财富,但不能丧失人品;可以没有金钱,但不能没有良心;可以不说感谢,但必须懂得感恩。

感恩,是一个人必备的素养。心存感恩,谨记他人的好处,才会让你的心里布满阳光。积德行善,得到的是善;知恩图报,收回的是福。不懂感恩,即便你亲近的人,也会和你疏远;不懂感恩,即便你再有成就,也会让人看轻。

不管何时,勿忘帮你的人。心存感恩,你的人生一定会一帆风顺。

183. 让人三分不吃亏

让人三分不吃亏,容人三分无大损。坦诚待人,真诚做事,淡定看人,淡然处世。

[诠释]

嘴狠,赢一时;心广,赢一世。坦诚待人,真诚做事,淡定看人,淡然处世。张口说话容易,闭嘴沉默不易。愚蠢的人用嘴,智慧的人用心,狭隘的人斗狠,宽厚的人让人。

学会让人,才得以宁静自在。对人需要宽容,更需要容忍。咄咄逼人,即使是嘴上赢了,也会失去人心。退一步,是大度;让一步,是宽厚。让人三分不吃亏,容人三分无大损。容不下别人,只会让人敬而远之。

花若盛开,清风自来。你若宽容,人心自来。

184. 生气,最能见人品

生气之事,不妨付之一笑;生气之人,不妨敬他三分。

[诠释]

人在世间,不可能不被冒犯。被冒犯时生气很正常,但如何表达

生气,可以看出一个人的教养和人品。生气时,往往会失去理智和控制,也最能看出一个人真正的素质和教养。那些生气时不管不顾他人感受的人,是最没教养、最没素质的人。

一生气就变脸,心胸狭窄,只想着自己,从不想别人。这样的人,虚荣心强,暴力倾向明显。真正有修养的人,往往在生气时还能保持对人的基本礼貌,能理智地就事论事,不会因生气殃及无辜。生气时,还能保持修养的人,人品都不会太差。即使生气了,也不会只顾宣泄自己的情绪。这样的人,是值得深交一辈子的人。

185. 说话的音量,暴露了一个人的修养

说话的音量,影响他人对一个人的印象和态度。控制好说话的音量,既增强气场又培养素养。

[诠释]

说话的音量,直接影响他人对一个人的印象和态度。人的嗓门大小,是与生俱来的,但说话的音量,却是可以控制的。以声压人,不如以德服人。

我们的潜意识里认为,想要说服别人,先得在气势上压倒别人,音量要大。却不知咄咄逼人,以声压人,就算占得上风,也会给人留下蛮横不讲理的印象。俗话又说,有理不在声高,公道自在人心。唯有以德服人,以理服人,才能让人心服口服。

轻声细语,最见人品。一个人,是凶恶还是善良,是暴躁还是温厚,听他说话的音量就能感受出来。恰到好处的音量,是一个人文明修养的体现。无论何时何地,控制自己的音量,保持和颜悦色的态度,不让对方感到有一丝的压迫和不适,既能快速有效地解决问题,又能赢得别人的尊重,何乐而不为呢?

说话的音量,反映了一个人的底气。你说话的音量,就是你内心的样子。说话的音量,是有温度的。大吵小喝冷如寒冬,冰封了灿烂的笑容;轻声细语暖如春阳,化解了这世间的炎凉。学会控制自己的

音量,才能拥有最强大的气场。

186. 没有真心,谈何珍惜

没有真心,谈何珍惜;没有付出,谈何回报。人和人交往,全凭一份真诚;心和心相处,全凭一份真意。

[诠释]

再深的感情,不懂珍惜,也会淡;再好的关系,不去维系,也会散。人和人交往,全凭一份真诚;心和心相处,全凭一份真意。如果没有真心,情意怎能得到珍惜;如果没有诚意,感情又如何得以延续。

一份情,因为真心而存在;一颗心,因为珍惜而永恒。真心之人,才能越走越近;虚假之人,早晚现出原形。想要深情长存,就要拿出真心去交换;要想长相厮守,就要一心一意去维护。

缘分,不在于万千,而在于真情相伴;感情,不在于多少,而在于真心交换。这世上,没有任何一份关怀是理所当然,两个人能相濡以沫地相伴一生,往往是因真心,要珍惜。

人心,永远是相互的,要想被人真心对待,就要真心待人;要想受人珍惜爱护,就要真心守护。这世上,缘有深浅,真心换真心才有温暖;情有长短,珍惜换珍惜才能长远。没有真心,谈何珍惜;没有付出,谈何回报。想得到什么,先付出什么,这是待人之道,更是做人之道。

187. 要学会放过自己

一段路,走不通,就改变方向;一件事,太纠结,就选择放下;一些人,不真诚,就毅然离开。

[诠释]

一段路,走不通,就改变方向。人生的道路千万条,如果前进的路上有"此路不通"的标志,最好早点儿换一个方向走。漫画家郑辛遥说:"在路走完的时候,并不意味着到了路的尽头,而是提醒我们是时候转弯了。"人生就像一条河流,不断回转蜿蜒,才能克服崇山峻岭,汇集百川,成为巨流。俗话说,水到绝境是风景,人到绝境是重生。当人生在面对前方无路可走的时候,不如学会后退一步,或许就能遇见其他的路。

一件事,太纠结,就选择放下。很多时候,我们痛苦的来源不过是想要的太多,而得到的太少。与其耿耿于怀,终日愁眉不展,不如看淡得失,学会放下。人生就是一个口袋,里面装的东西越多,前行的脚步就越沉重。学会释怀,看淡看远,你才能向美好的生活出发。

一些人,不真诚,就毅然离开。强扭的瓜不甜,感情抓得太紧就会变味。所有的感情,不求朝夕常伴,但求相处不累。有人说:忘记一个人,只需要两件东西,时间和新欢。其实,比时间和新欢更有效的是改变自己,离开原地,不停地往前走。

一段路,走了很久,依然看不到终点,不如在某个路口转弯,沿途陌生的风景,或许会给你带来更大的惊喜;一些事,想了很久,依然理不出头绪,不如把它丢在风里,吹散心中的阴霾,阳光才能再次照进我们的生活;一些人,相识很久,依然感受不到彼此的真诚,那就果断离开,人这辈子没有谁离不开谁,你无须执着地将一个不爱你的人请进自己的生命里。

人的一生,是一个改变、放下、离开、接受的循环往复的过程。不能接受,那就改变;不能改变,那就放下;不能放下,那就离开。愿你在今后的日子,活出自在从容,活成自己想要的模样。

188. 既然"豆腐心",何必"刀子嘴"

> 常怀一颗"豆腐心",更要一张"豆腐嘴"。好好说话,时间不会辜负一个"满嘴生香"的人。

[诠释]

君子,成人之美,不成人之恶。"刀子嘴,豆腐心",成了很多人为自己的坏脾气找的借口。似乎只要自己是为别人好,哪怕说话难听点、过分点也没有关系。特别是对待亲人,明明有一颗爱他们的"豆腐心",话一出口却总变成伤害他们的"刀子嘴"。以"爱"的名义把自己的想法强加给对方,把自己的情绪无休止地宣泄在亲人身上,这样做的结果,往往只会在亲人心里留下难以抚慰的伤痛。真正有修养的人,懂得关爱他人,从不会带着负面的情绪和挑剔的眼光,拿一张"刀子嘴"去伤害别人。

说话挑人刺,只会讨人嫌。在生活中,我们总是很容易发现别人的缺点,但又常常忽视自己的错误。长此以往,只会造成大家都相互指责,越来越难以沟通,越来越难以相处。特别是在一个家庭中,强势的一方总是"好为人师",家人一有什么事情没做好,就开始指指点点,从来不站在对方的角度着想。虽然他的出发点是好的,也是爱着自己的家人,但是这种挑剔的"爱"只会让家人难以接受,使得彼此关系越来越远。

言行在于美,不在于多。好的语言,就像春风拂面,让人温暖。有时,你平常的一句关怀、一句鼓励、一句谅解,会给人带来希望,甚至会改变思想和命运。正能量的语言,就像一盏希望的明灯,在善意话语的引导和激励下,人也能变得越来越好。常怀一颗"豆腐心",更要一张"豆腐嘴"。你只要好好说话,时间不会辜负一个"满嘴生香"的人。

189. 容言,容事,容人

宽容是一种修养,是一种美德,也是一门学问。做人要学会容言,容事,容人。

[诠释]

容言。好话、坏话、刺耳话,啥话都能听得进。虚心听取意见和建议,是风度,是胸怀坦荡。让人把话讲完,是大度,是谦恭,是强而不锐,也是有力量的体现。容言要有勇气,没有勇气则听不得诤言;容言要有耐心,没有耐心则听不到真言。容言不是是非不辨、良莠不分,容言要有智慧,分得清哪是良言哪是诒言;还要有气量,听得进甜言蜜语,也容得下直言不讳。"兼听则明,偏信则暗。"容言,才能广开言路,集思广益。

容事。好事、难事、窝囊事,凡事皆能装心中。好事认真办,难事用心办,窝囊事理智办。认认真真、踏踏实实、勤勤恳恳地做好每一件事,不因其易而轻视,不因其苦而放弃,不因其难而退缩,不因有功而自傲,也不因无过而自喜。

容人。常人、能人,均应一视同仁,以诚相待。常人、能人,只是能力大小不同,职务高低不同,彼此之间的人格是平等的。平等待之,礼貌待之,以诚待之,这是为人的准则。以貌取人者,是俗人;以衣取人者,是庸人;以官取人者,是小人。无论地位尊卑、年龄大小,有功还是有过,均能以诚待之,方为容人。

190. 练出弹性

生活好的人,具有一种特质——弹性。他们不是对抗生活,而是适应生活。

[诠释]

柔软的东西,之所以不容易被伤害,主要是因其能够适应各种变故,具有弹性。一个人内心柔软,其生活必然过得有弹性。这样的人能适时地感受当下的快乐,能适度地隐忍当下的屈辱。

任何事,都是有弹性的。有些事,看起来是坏事,却不尽然,反而会成就另一种风景。那些生活得好的人,都具有一种特质,那就是弹性。他们不会去对抗生活,而是去适应生活。

每一处的生活,都可以过得弹性而合理。活在世上,多多少少都会遇见一些不顺心的事。要学会用弹性的思维面对生活中的烦恼与困境,顺境之时不忘形,逆境之时不气馁。生活中不过多计较别人的过错,工作中不过多挑剔同行的不足。

论语曰:"中者,着气也。庸者,平常不易。中庸者,永守其正,常持其正。"经营人生,练出弹性,做中庸者。

191. 在心里种花

在心里种花,人生才不会荒芜。在心里种善良之花、正直之花、淡然之花、坚持之花。

[诠释]

美丽的大自然,如果失去花朵点缀,一定会黯然失色。心灵的原野如果没有花的充实,也会鲜艳顿失,生机枯竭。如果一个人心里有花,无论面对怎样的人生,都会多姿多彩,绝不会荒芜。

在心里种善良之花。善良不难,但是历经人心鬼蜮,依然善良,很难。每个人的内心都存有善良的种子,只要你能真诚对待他人,总可以唤醒他内心的善良。

在心里种正直之花。人生在世,总有一些底线不能突破,总有一些事情不能迎合。这就是一个人的正直。

在心里种淡然之花。一个人不断放下欲望和杂念,其内心也就越发淡定。只有内心拥有坚不可摧的家园,才能看淡一切。

在心里种坚持之花。一个人如果心里有光,无论多难,他都能抵达温暖的地方。一个人如果心里有花,无论早晚,总有绽放灿烂的时刻。一个人,用一生做一件事,想不成功都很难。

192. 待人处世"三有"

出言有尺,嬉闹有度,做事有余。

[诠释]

俗话说:"良言一句三冬暖。"语言的表达也是一门艺术。说话的时候,多些换位思考,多些设身处地。"关系好"不等于"什么都可以说","我不是故意的"不等于"没有错","我没有恶意"不等于"没造成伤害"。说话有分寸是一个人成熟的表现,体现着做人的尺度。时时刻刻把握说话的分寸,注意说话的场合、对象,才能把话说得恰到好处。

开玩笑是日常生活中极为平常的事,但开玩笑的目的在于调节气氛,如果没有把握好尺度,就有可能伤害到他人。因此,不要拿别人的缺陷开玩笑,不要拿别人的隐私开玩笑,更不要拿别人的痛苦开玩笑。懂得尊重对方,才能让玩笑开出最佳效果。只有对方觉得好笑,才叫玩笑;如果对方觉得不好笑甚至生气,那就是没礼貌。

常言道:"凡事留一线,日后好相见。"人这一生,起落浮沉,有得意的时候,就会有低谷的时候。很多事情难以预料,三十年河东,三

十年河西。得意时善待他人,失意时善待自己。无论何时何地,话别说得太满,事别做得太过。今日你说话做事不留有余地,让他人难堪,来日峰回路转有可能让你徒增尴尬与伤害。给别人留有余地,亦是给自己留条退路。

193. 生气不如争气

生气不如争气。把生的"气"用来给自己加油,奋力成长,努力工作,才能赢得尊重。

[诠释]

老子曰:"上善若水。"大自然中的水都是从高处流向低处的,当遇到障碍物时,会很自然地绕开,实在绕不过去,就一点一点地积聚力量,等力量充足后就"漫过去",继续前行。我们每个人都应该有这种"漫过去"的心境。遇到他人的诋毁和挖苦时,忍住气,用实力和时间回应。遇到挫折时,静下心来,好好想办法。生气,毁掉的是思考力,于事无补,还会把事情越弄越糟糕。

寒山曾有经典一问:"世间有人谤我、欺我、辱我、笑我、轻我、贱我、恶我、骗我,该如何处之乎?"拾得答:"只需忍他、让他、由他、避他、耐他、敬他,不要理他,再待几年,你且看他。"把生的"气"用来给自己加油,奋力成长,努力工作,才有可能在未来用更强硬的实力证明自己。

194. 心灵的品级

> 心灵的一品境界是敬畏之心,二品境界是慈悲之心,三品境界是感恩之心,四品境界是宽容之心。

[诠释]

人们常常会用官衔和才能来衡量男人的品级,用相貌和气质品评女人的品级,却很少有人去思量心灵的品级。心灵是有品级的,它的品级决定一个人一生的成败。

心灵的一品境界是敬畏之心。如果每个人对规则、法律、伦理都拥有本能的敬畏,在商言信、在职言公、在群言理、在情言忠,这世界将是何等美丽。一个拥有敬畏之心的极品男人,一定会拥有顺利的事业、幸福的家庭、真心的朋友;一个拥有敬畏之心的极品女人,一定会拥有优雅的气质、不凡的才艺、无比的仁爱。

心灵的二品境界是慈悲之心。慈悲心,是生命价值的体现,是人生大爱的体现。拥有慈悲心的上品男人,一定心地善良、为人仁厚、凡事谦让,具有绅士风度;拥有慈悲心的上品女人,一定知书达理、聪慧贤淑,具有淑女风范。

心灵的三品境界是感恩之心。懂得感恩的精品男人,是一个有责任感的值得信赖的伙伴,是一个值得依靠的好男人;懂得感恩的精品女人,是一个勤奋上进、爱家护子的好女人。

心灵的四品境界是宽容之心。懂得宽容的人是上乘之人。对人宽容,对己宽容,宽容别人就是善待自己,宽容过去就是善待未来。

195. 成熟的人生，需要读懂三个"不"

成熟的人生，需要读懂三个"不"：不恋过往，不负当下，不畏将来。

[诠释]

人生在世，每个人都要经历属于自我的喜怒哀乐、悲欢离合。成熟，就是认清并接受自我的存在，努力在繁杂的世界里做一个简单的人。

不恋过往。对于过去，无论是留恋也好，后悔也罢，都不要再紧抓不放。生活还要继续，步步回头的人永远也抵达不了远方。有些事不必在意，因为无法改变；有些人无须告别，因为只是过客。很多时候，让人感到痛苦的，并不是事情的本身，而是你的执念。没有谁的人生是无憾的，但我们可以选择从失去中获得经验，迎接成长。成熟的人生，是有能力坦然面对每一个结果。错了就改，输了就认，失败了就重来。走过山穷水尽，终会柳暗花明；放下过去种种，才能轻装前行。

不负当下。常听人感慨，觉得生活很迷茫。其实只要生活在继续，就有接踵而至的难题。但有时与其说生活太难，不如说是你想得太多。很多人总是习惯苦思冥想寻找答案，却不愿沉下心来把眼前的生活过好。长此以往，越来越迷茫，也越难改善现状，到头来反而一事无成。实际上，每个人都是在不断的权衡取舍中，一边努力前行，一边勇于承担，最终认清并得到自己想要的。成熟的人生态度是你能正视现实，并且愿意为了当下的每一天而全力以赴。花开有期，燕过有时，所有的事情都是急不得的。你要学会耐心等候，静心生活。把握好每一个当下，你自会在水到渠成中收获最大的喜悦。

不畏将来。一个人越成长，就越容易觉得孤单，有时甚至会备感无助。其实，成年人的世界，没有"容易"二字。无论面临什么，只要我们足够努力和坚持，就总能在困境中找到出路，就总能在绝望中看

到希望。生活最终会告诉我们:真正的勇敢,是带着畏惧也要继续扬帆起航;是看清了生活的真相,依然有勇气拥抱它、热爱它;是忠于自己的内心,活出自己的方式。人生从来没有白走的路,也没有无缘无故的成功与失败,有的只是一分耕耘一分收获。愿我们都能在日渐成熟中,学会化繁为简,从容以待,用尽己所能的心态,过淡定达观的生活。

196. 人与人交往"三要"

话,要和明白人说;事,要与踏实人做;情,要同厚道人交。

[诠释]

无论是说话、做事,还是与人交往,都要选定合适的对象,采取合适的方式。话,要和明白人说;事,要与踏实人做;情,要同厚道人交。

话,要和明白人说。老话说,宁跟明白人打一架,不跟糊涂人说句话。对明白人,只要你无坏心,你的话在理,明白人就会明白你的用心;对糊涂人,你说一千道一万,他依然一头雾水,甚至认为你在胡说八道。切记,勿与糊涂人争辩。只要一争辩,就输给了自己。

事,要与踏实人做。老话说,认认真真做人,踏踏实实做事。踏实,是一个人最为重要的品质。轻浮的人,不能共事,因为他很难真正用心投入工作,很难有端正的做事态度;浮躁的人,不能共事,因为他心气不平,或急于求成,或急于名利;贪利的人,不能共事,因为你与他利益相合,他便和你共同谋利,一旦利益相反,他便会为了利益损害你。

情,要同厚道人交。讲交情,谈感情,最怕遇到两种人:一是薄情寡义之人,二是心术不正之人。薄情寡义的人,心中没有情与义;心术不正的人,心中只有利与益。无论是在男女之间谈感情,还是在朋友之间讲交情,都需要先辨别出这个人是否厚道。厚道的人,心中有情,品性正直,心地良善,重情重义。这样的人,才值得你真心相交。

197. 人生赢在和气,败在脾气,成在大气

> 处世平易添和气,遇事不急磨脾气,能屈能伸养大气。要想走稳人生路,和气不可忘,脾气不常有,大气不能丢。

[诠释]

赢在和气。和气,不单是脾气和顺,还是一种团队精神。和气,不是要你做老好人,而是要你以一颗宽容体谅之心处世待人,在团队中营造和谐氛围。和气对人,别人才能和气待己。和气,若拂面春风,遇上柔柔的春风,山会绿,冰会融。与人相交不是打仗,不用非得分个高下、论个输赢不可,用和气求和谐才能取得双赢。

败在脾气。脾气人人都有,但并不意味着可以随时发脾气。如果你是对的,你没必要发脾气;如果你是错的,你没资格发脾气。脾气大不但伤身,还会给自己的生活添绊子。如果说好性格是在为人生路拔荆棘,那坏脾气就是在往人生路扔砖头。有人觉得自己脾气差点无伤大雅,其实你的失败往往是从坏脾气开始的。好的脾气是成功的一半,不合时宜的坏脾气只会让你在人生路上加速出局。

成在大气。做人要像弹簧,能屈能伸,忍得下苦,享得起福。不如意时,伏下身子,默默积蓄力量;机会来临时,把握时机一跃而起。做人要修炼大气,无论是顺境还是逆境,都以平常心面对。做人要修炼大气,有海纳百川的胸怀,忍人所不能忍,容人所不能容。切记:能忍能让真君子,能屈能伸大丈夫。

198. 聪明人，五不说

说话是一门大学问，值得我们学习一生。无论是工作还是做人，聪明的人用脑说话，智慧的人用心说话，庸俗的人用嘴说话。做一个会说话的聪明人，做一个懂得沉默的智者。

[诠释]

柏拉图有句名言："智者说话，是因为他们有话要说；愚者说话，则是因为他们想说。"人人都会说话，但不是人人都懂得什么话该说，什么话不该说。俗话说"言多必失"，真正的聪明人，都懂得如何与他人沟通。

少说些废话，是一种美德。话多不可怕，可怕的是废话连篇、言之无物，既消耗自己的精力，又浪费别人的时间。真正的智者，说话干净利落。他们不喜欢遮遮掩掩、拐弯抹角，有事就直说，只给你有用的信息；他们不轻易发表意见，发言前必定深思熟虑，一张口就很有分量。语贵在精而不在多，有时间说一些不痛不痒的废话，还不如沉下心做好手头的事，让自己说的话更有价值。

不说刻薄话，是一种教养。一句刻薄的话，有时比刀子还狠，轻则扫了人的兴，重则伤了人的心。请记住，毒舌不是幽默，不是耿直，而是没教养。一个有教养的人，会考虑别人的感受，说让彼此都舒服的话。说话刻薄的人，最终会变成令人厌恶的孤家寡人；说话舒服的人，最终会变成令人愉悦的知心朋友。

不轻易许诺，是一种尊重。喜欢吹牛的人，总会把牛皮吹破；满口谎言的人，终会被谎言反噬。古人云："诺不轻许，故我不负人；诺不轻信，故人不负我。"不轻易许诺，不胡乱吹牛，既是尊重别人，更是尊重自己。因为你许下的诺言，就是你最好的名片。

不无谓争辩，是一种豁达。心胸狭隘、目光短浅的人，最喜欢和人争辩，为了争一口闲气，揪住芝麻小事不放。得理不饶人，无理搅三分，既白白浪费时间和精力，又争不出个所以然。懂你的人，无须

争辩;不懂你的人,再怎么争辩也无用。不是所有人都配得上你的解释,与其试图说服别人,不如专心做好自己。

199. 人的好运气是自己给的

> 好运气是自己给的。一个人有了好身体、好心眼、好脾气、好观念、好行为、好关系、好表情、好言语,好运气就会不请自来。

[诠释]

一个人的好运气是自己给的,是从以下八个方面来的:

从好身体来。健康的身体,是一个人奋斗的本钱。只有好身体,才能抓住好机会、好运气,才能取得成功。身体健康是人一生的福祉。

从好心眼来。人存好心,善良为本。一个人用一颗善良的心,温暖社会、温暖他人,则路自宽行,好运成真。

从好脾气来。要争气,不生气。不伤元气,成得大气。遇事冷静,思成而行,就能少走弯路,增大好运的概率。

从好观念来。观念产生决定,决定影响行为,行为引发结果,结果带来好运。人生在世,努力学习生存本领,创造生存条件。既为自己活,活得像模像样,也为他人活,活得高雅大气。

从好行为来。正确的世界观、人生观、价值观,指导人们正确的行为。所谓舍得,才有获得。严格要求自己的行为,多做好事,多做善事,好运自来。

从好关系来。人在社会上生活,无论是求学、求职、求上进,还是图通达、谋圆满,无不需要借助各种关系支持与帮扶。好运气,离不开好关系。好关系,靠真性情培植。

从好表情来。俗话说,出门看天色,入门看脸色。相由心生,尊敬别人,面带微笑,总会给你带来好运的。

从好言语来。敬人者,人恒敬之。与人为善,和颜悦色,好运就会常在。

200. 九件小事,让人受益一生

> 早睡是一种习惯,微笑是一种思维,整洁是一种态度,运动是一种精神,旅行是一种享受,阅读是一种回归,人脉是一种坚持,下厨是一种修行,管住嘴是一种本事。

[诠释]

有些时候,我们所做的一些小事,在不经意间便悄悄地走进我们的生活,所带给我们的不仅仅是一时的快乐,更是一生的受益。

早睡是一种习惯。"早睡早起身体好",道理谁都知道,但是能真正做到的人不多。如果人生有什么最有益又最具挑战的习惯,早睡早起绝对位列三甲。

微笑是一种思维。如果留心,你会发现那些爱笑的人,运气总是不会太差。其实,微笑是一种思维,是一种直面生活的勇气。这种勇气能让一个人远离崩溃的红线,静等柳暗花明。

整洁是一种态度。干净的白衬衫,整齐的短发,清雅的淡妆,得体的职业套装……清爽的人,无论是工作还是生活,都是对自己认真负责的人。这样的人,生活质量一定比一般人高许多。

运动是一种精神。那些长期坚持运动的人,即便是上了年纪,也是步态轻盈、腰板挺直、充满能量。运动应是你生活的一部分,而不是额外的负担。

旅行是一种享受。人生不是赛场,生活处处是风景。出去旅行,那种空间的转换,给我们心情和心境的震撼,是很难用言语表述的。时常出去看看,你会发现那个叫"景色"的东西,远比你想象的更美更好。

阅读是一种回归。阅读,是最不费力又最有收获的一种消遣方式。胸藏文墨怀若谷,腹有诗书气自华。读书越多,内心会越丰富,眼界也会越开阔。

人脉是一种坚持。"人脉"听起来有点功利,但世事间、人情间,

从来都是"功夫在诗外"。朋友很忙,那就隔段时间打个电话、发个短信或发条微信。多年后你会发现,你的坚持会成为你最大的善意,你的坚持会成为你最好的品牌。

下厨是一种修行。现在外卖太方便,很多人已经减少了下厨的动力。认认真真地洗菜、淘米,一丝不苟地翻炒、摆盘……这个过程藏着无穷乐趣。下厨,能让自己学会平心静气,能让自己收获阖家欢乐。下厨本身也是一种修身养性。

管住嘴是一种本事。这里"管住嘴"不是指讲话,而是指一日三餐。很多人身体不好,常常因为一张管不住的嘴。生活好了,更要惜福,多吃点粗粮,每餐七分饱,不暴饮暴食……为了家人,更为了自己。